亲吻祖国

王喜民 著

阿拉山口……

集安……

亚洲侵华日军要塞之最

丹东……
世界内陆最低处

满洲里……
通向蒙古国的铁路通道……

中国人参之乡……

喀纳斯湖……

大漠中的一叶绿洲神木园……

日月潭

台湾……
祖国美丽的宝岛

丙察察……
路难难于上青天

漠河……
去中国最北端的"北极村"

长白山天池……

绥芬河……
百年口岸

长白山天池……

亚欧第一大陆桥的要冲……

德天瀑布……

世界第一高峰……

与尼泊尔一河之隔的口岸……

德天瀑布

启程中国陆地边境线的始端……

新华出版社

图书在版编目（CIP）数据

亲吻祖国 / 王喜民著. --北京：新华出版社，2021.10（2025.3重印）
ISBN 978-7-5166-6067-6

Ⅰ. ①亲… Ⅱ. ①王… Ⅲ. ①地理—概况—中国 Ⅳ. ①K92

中国版本图书馆CIP数据核字（2021）第201375号

亲吻祖国

作　　者：王喜民	
出 版 人：匡乐成	责任编辑：沈文娟　祝玉婷
封面设计：今亮后声·赵晓冉	责任校对：许晓徐

出版发行：新华出版社
地　　址：北京市石景山区京原路 8 号　　邮　编：100040
网　　址：http://www.xinhuapub.com
经　　销：新华书店、新华出版社天猫旗舰店、京东旗舰店及各大网店
购书热线：010-63077122　　　　　中国新闻书店购书热线：010-63072012

照　　排：李尘工作室
印　　刷：大厂回族自治县众邦印务有限公司

成品尺寸：170mm×240mm
印　　张：27.25　　　　　　　　　字　　数：363千字
版　　次：2022年4月第一版　　　　印　　次：2025年3月第二次印刷
书　　号：ISBN 978-7-5166-6067-6
定　　价：128.00元

版权专有，侵权必究。如有质量问题，请与出版社联系调换：010-63077124

这是一道神圣、庄重的线条!

这又是一条亮丽的风景线!

这,就是中国的陆地国境线!

中国版图,像一只雄鸡傲立在北半球,雄踞于亚洲东部,面朝汹涌澎湃的太平洋,面积约960万平方公里,陆地边界长约2.28万公里。

2.28万公里长的边界线,像一条长龙镶嵌于国境,内连辽宁省、吉林省、黑龙江省、内蒙古自治区、甘肃省、新疆维吾尔自治区、西藏自治区、云南省、广西壮族自治区;外接朝鲜、俄罗斯、蒙古、哈萨克斯坦、吉尔吉斯斯坦、塔吉克斯坦、阿富汗、巴基斯坦、印度、尼泊尔、不丹、缅甸、老挝、越南等;隔海与日本、韩国、菲律宾、马来西亚、文莱、印度尼西亚等国相望。

国境线自然风光和人文景观独特——

中国最大的火山湖长白山天池,时隐时现犹抱琵琶半遮面;亚欧第一大陆桥的交通要冲满洲里,矗立着世界上最大的"套娃"建筑;阿尔山"天下第一奇泉",源源流淌"人间圣水";中国边境地区面积最大的县额济纳,铺展着一幅幅奇妙悲壮的千年胡杨林;全球海拔最高的雪山哨所神仙湾,屹立着英姿飒爽的边防战士;中国地热之冠腾冲,遍地的温泉蒸汽袅袅升腾人间奇景;世界第一高峰珠穆朗玛峰,雄伟壮丽一展天下;世界第一高"树冠走廊",勐腊的"望天树","林中王子"刺破青天;世界第四大跨国瀑布德天瀑布,飞流直下三千尺……

中国地图

审图号：国审字（2021）第 8261 号

作者的行程始于丹东，穿越辽宁、吉林、黑龙江、内蒙古、甘肃、新疆、西藏、云南、广西，到达东兴，累计约 2.28 万公里。

"极点""第一"符号傲然挺立在国境线——

"中国第一缕阳光"升起的地方抚远、"中国北极第一村"漠河、"中国西北第一村"白哈巴、"中国西部第一村"斯姆哈纳,还有"中国最北点""西部第一关""西北第一团"及中国东极、中国北极、中国西极,等等。这些"第一""极点",勾勒出中国轮廓线,将您带入一个个风光迥异的自然景观。这些"极点"有很大的时间差异,中国最东部的极点和中国最西部的地域相差四个多小时;而气温上,当中国最南部还是热浪滚滚的时节,中国最北端的漠河早已是茫茫的冰雪世界……

国境线历史遗迹扑朔迷离——

中国边境地区历史遗迹众多,年代古旧,有的是世界文化遗产。丹东的虎山长城、集安高句丽王城、图们江龙虎石刻、虎林关帝庙、瑷珲古塔楼、东乌喇嘛库伦、正蓝旗元上都遗址、巴彦淖尔阴山岩画、额济纳黑城、哈密回王府、吐鲁番高昌故城和交河故城、奇台北庭都府、富蕴可可托海矿迹、库车克孜尔尕哈烽燧、喀什香妃园、古格王朝遗址、珠穆朗玛峰绒布寺、拉萨布达拉宫、云南三江并流、红河哈尼梯田、凭祥友谊关楼、东兴"大清国钦州界"碑等,显示了中国边境厚重的文化和久远的历史。

少数民族文化异彩纷呈——

边境远离内陆，分布着很多少数民族，其中有朝鲜族、赫哲族、俄罗斯族、鄂伦春族、蒙古族、维吾尔族、藏族、彝族、哈尼族、壮族等，不同的民族，不同的文化，不同的服饰。边境两边一些地方是同一个民族，出现了"一寨两国""一井两国""一院两国""一街两国"及两国边民同饮一口井、同走一条路、同过一座桥的特殊地带。

国境线哨所、界碑、国门神圣而庄严——

边防战士日夜站岗放哨，他们才是最可爱的人。这里，每一个哨所的背后都有一段感人的故事。从"中国东方第一哨"到"北陲哨所"，从"西北第一哨卡"到"西部第一哨"，都深印着战士的信念：祖国在我心中！特别是生命禁区海拔五千多米高的神仙湾哨所，因高原缺氧已有12位烈士献出了宝贵的生命……

界碑，是国界的标志，庄严、肃穆、厚重，在国境线依次排开，不管是高山、沟壑、谷底，每块界碑前都有战士的身影，哪怕风吹日晒、寒风刺骨！

国门，对外开放的窗口。从滔滔的鸭绿江口到天山山脉，从喜马拉雅山到十万大山下的北仑河口，在约2.28万公里的边境线上，屹立着别具地方特色的国门建筑，风格各异、形式多样。伴随着我国对外开放步伐的加快，沿线的每一个口岸都是对外贸易的窗口，平常情况下，双边贸易方兴未艾、如火如荼。

中国界碑

异国风情气息浓重——

国境线相邻国家，国与国的习俗、文化、语言、信仰不同，建筑各有特色，将您带入一个陌生的世界。无论是朝鲜境内的新义州，还是俄罗斯境内的布拉戈维申斯克市，或是蒙古境内的扎门乌德，各具特色；还有哈萨克斯坦境内的德鲁日巴、吉尔吉斯斯坦境内的奥什，中亚气息扑面而来；对尼泊尔境内的巴热比斯镇、缅甸境内的南坎、老挝境内的琅南塔、越南境内的老街和芒街市，南亚风情更是浓郁多彩。

庄重的国境线：那里有伟岸的国门、肃立的界碑、壮丽的口岸……

绚丽的国境线：那里有胡杨林的悲壮、薰衣草的芳香、雪莲花的盛开……

去吧，用双脚跋涉丈量我们亲爱的国土！

致敬，用双臂拥抱亲吻我们伟大的祖国！

王喜民

2021 年 9 月 1 日

目录

01

第一章 **辽宁－吉林－黑龙江段**
雄关漫道从头越

丹东：启程中国陆地边境线的始端 … 003

集安：中国"人参之乡" … 008

临江：面临鸭绿江的古城 … 019

长白山天池：中国最大的火山口湖 … 023

图们江：中、朝、俄金三角之地 … 028

东宁：亚洲侵华日军要塞之最 … 032

绥芬河：罕见的"百年口岸" … 036

珍宝岛：镶嵌在乌苏里江的绿宝石 … 040

抚远：祖国最早迎来第一缕阳光之地 … 045

萝北：三江平原上的北大荒人 … 050

黑河：勿忘国耻 … 054

漠河：去中国最北端的"北极村" … 058

02

第二章 **内蒙古－甘肃段**
内蒙古高原托起的国境线

满洲里：亚欧第一大陆桥的要冲…067

阿尔山：流淌在大兴安岭中的圣泉…073

东乌：承载沧桑历史的"乌珠穆沁"…079

二连浩特：通向蒙古国的铁路通道…083

达茂："草原英雄小姐妹"故乡…087

巴彦淖尔：河套文化·阴山岩刻·甘其毛都…093

额济纳：策克·居延·黑城·怪树…099

马鬃山：甘肃唯一的边境口岸…104

03

第三章

新疆段
天山南北漫长的西陲边关

哈密：老爷庙·鸣沙山·魔鬼城⋯111
吐鲁番：火焰山·艾丁湖·交河城⋯118
奇台：红花似火的边境县⋯125
富蕴：去寻找"可可托海的牧羊人"⋯131
阿勒泰：白桦林·姑娘追·骆驼峰⋯139
喀纳斯湖：美丽富饶神秘之地⋯145
塔城：丝绸路·"楚乎楚"·巴克图⋯149
阿拉山口：中国西部第一关⋯153
伊犁：新疆最美的地方⋯157
温宿：大漠中的一叶绿洲——神木园⋯164
乌恰：去中国最西端的"西极村"⋯168
喀什：老城区·清真寺·香妃园⋯179
塔什库尔干：去《冰山上的来客》拍摄地⋯185
叶城：人物雕·零公里·叶城塔⋯198
三十里营房：兵车新藏路⋯204
神仙湾：全球最高的雪山哨所⋯209

04

第四章

西藏段
喜马拉雅山铸起的铜墙铁壁

日土：湖泊环绕之地…217

狮泉河：难忘采访《先遣连》的日夜…222

札达：土林围绕的古格王朝遗址…235

普兰：雪山环绕的地方…239

吉隆：与尼泊尔一河之隔的口岸…243

樟木：喜马拉雅第一国门…247

珠穆朗玛峰：世界第一高峰…252

亚东：西藏的好江南…255

拉萨：世界最高的寺庙之城…260

波密：藏家情·兵哥情·燕赵情…265

墨脱：到曾是全国唯一不通公路的县…271

然乌：夜宿冰川之乡…283

察隅：与印度、缅甸接壤的边境县…287

下察隅：走进独有的僜人部落…292

丙察察：路难难于上青天…296

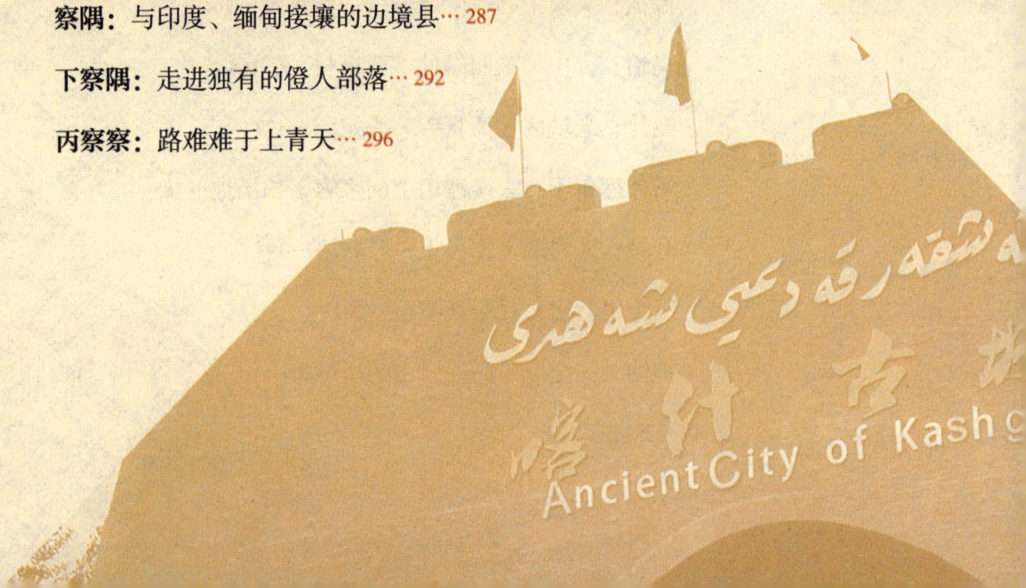

05

第五章

云南－广西段
从三江并流到十万大山

丙中洛：世外桃源的桃源… 307

泸水行：远征军·石月亮·老虎跳… 313

片马：云雾中的边境口岸… 318

腾冲：火山口·大滚锅·和顺城… 323

猴桥："丝绸之路"的通道… 330

佤乡：司莫拉·银杏村·北海湿地… 334

瑞丽：有一个美丽的地方… 340

临沧：八百里路云和月… 345

西双版纳：千里江陵一日还… 349

打洛：防范贩毒的前沿… 354

磨憨：通向老挝的唯一陆路口岸… 357

江城：去一地连三国之地，看三面碑… 361

三江行：江城茶·墨江线·元江舞… 368

元阳：世界遗产红河哈尼梯田… 375

河口：隔河相望的越南老街… 380

麻栗坡：老山下的英雄之城… 384

德天瀑布：探视水上的中越界碑… 390

友谊关：桂边三关之首… 394

东兴：到达中国陆地边境线的终端… 397

06

第六章

台湾岛段
我国东南海域中的宝岛

台湾：祖国美丽的宝岛 ⋯ 407

后记 ⋯ 417

滔滔的鸭绿江、奔腾的乌苏里江、蜿蜒的黑龙江……三江作为界河镶嵌在中国版图东北角,这就是中国国境线东北段,包括辽宁、吉林、黑龙江三省,长度约4570公里。沿线城镇中国最大的边境城市丹东、临江、图们、绥芬、虎林、萝北、黑河、漠河等,相邻国家朝鲜和俄罗斯。此段风光无限,带您去领略中国最深湖泊长白山天池、祖国最早迎来第一缕阳光的抚远"中国东方第一哨"、中国最北部漠河的"北极哨所",去欣赏世界文化遗产集安王城,去聆听朝鲜、满、鄂伦春等少数民族的歌声……

01
第一章

辽宁—吉林—黑龙江段
雄关漫道从头越

海关职员关的英雄
辽宁—吉林—黑龙江

07

丹东：启程中国陆地边境线的始端

鸭绿江，波光粼粼，碧波荡漾……

站在辽宁省丹东鸭绿江河口，仰望着初升的太阳，深深呼吸着新鲜空气，仿佛进入一个纯净的世界。这就是丹东，是我跋涉边境线的第一站。

丹东，中国版图万里疆土东北部的起点，也是中国陆地边境的始端，处在中国与朝鲜边境的鸭绿江口。

历史悠久的丹东，距今 20 亿年前就有地域的原始古陆，早在 1.8 万年前原始母系氏族时期的先人在此繁衍生息。战国时为燕国东部边疆，唐朝置都护府，元朝设置婆娑府，新中国成立不久设市隶属辽宁省管辖。目前已发展为以工业、商业、物流、旅游为主体的沿江、沿海边境城市。

丹东的清晨是寂静的……

•丹东鸭绿江口的清晨

● 被美军炸断的鸭绿江大桥横躺在晨雾中

迎着霞光,我首先步入鸭绿江边,追忆当年中国人民志愿军"雄赳赳,气昂昂,跨过鸭绿江"的足迹。站在鸭绿江岸,望着当年美军飞机炸断的桥梁,望着江边中国人民志愿军塑像,望着桥头弹痕累累的碉堡,自然会想起朝鲜战争……

那是 1950 年 6 月,朝鲜战争爆发,战火燃烧到鸭绿江边,美国飞机公然炸毁中朝铁路大桥。1950 年 10 月,在朝鲜人民处于极端困难、中国安全受到严重威胁下中共中央和毛泽东主席做出"抗美援朝,保家卫国"的决策,组成中国人民志愿军开赴朝鲜战场,同朝鲜军民并肩作战,抗击侵略者。经过两年零九个月的浴血奋战,终于打败了以美国为首的"联合国军",实现了朝鲜停战……

收回思绪,我沿着中朝友谊大桥行走。脚下远去的水流,身旁列车的

● 给孩子讲述中国人民志愿军跨过鸭绿江抗美援朝的历史

长鸣,江边高奏的乐曲,好似都在讲述过去那极不平凡的历史……

中朝国境线以鸭绿江河心为界,江边很多人在此拍照留念。我看到一对夫妻,男的给孩子讲述抗美援朝,女的用摄像机录像,很投入。他们一家在追寻抗美援朝的足迹,留下时代永久的记忆。

我沿江而行,来到中国界碑前。边防战士介绍:"鸭绿江之中有很多岛屿,尽管国界是从江心划分,但因水岛的原因,许多地方国界近在咫尺,仅一步之遥,只要跨过一步就是朝鲜的领土,形成了一道风景线。"我看到,在边界立有很多石碑,如"咫尺风光"等。

我走近"一步跨"石碑前,看到界外一位朝鲜妇女正在沟边洗衣服,只要再向前迈一步就可以到达朝方地界。边防战士说:"以前偷渡的朝鲜人不在少数,感觉中方条件优越。偷渡过来者往往住在乡下,结了婚。但

• 排队在中国界碑旁拍照

• 用长镜头拍下鸭绿江对岸的朝鲜值勤人员

如果再回去,那将面临严厉的惩罚,包括坐牢。一次,有两名朝方男士偷渡没有得逞,被朝方抓住带走。"

听了介绍,顿感吃惊!

丹东不仅是陆海疆域的起始,还是万里长城另一道线的起点。我北行15公里,来到虎山长城,一座像关口一样的二层阁楼矗立在长城上,上面写有"虎山长城"的字样。我沿台阶登上极顶,长城像一条巨龙盘踞在虎山。虎山突起于鸭绿江边,平地孤耸,视野开阔,对岸朝鲜的田地房舍一览无余。作为国门,长城起点选址虎山,确有军事要塞之意。丹东历次被外敌入侵,总是从虎山开始,所以睿智的中国先人选虎山为屏障是高见。虎山主峰高 146 米，峰顶是万里长城的一个烽火台，我站在台顶，倍感心旷神怡！

丹东居住着不少朝鲜族。朝鲜族是我国 56 个民族之一，其穿戴有明显的标志，男人一般穿长头船型皮鞋，女士穿长裙。

与丹东隔江相望的新义州是朝鲜第四大城市，20 万人口。我乘游船在鸭绿江面上行，近距离眺望这个异国边境城市。据船公介绍，新义州在 1950 年曾遭美国飞机的轰炸，经过多年的建设，恢复了原样。新义州是座古城，有朝鲜关西八景之一的统军亭、郡古城、八角亭、古南大门等，还有金日成广场、金日成铜像等。由于历史的原因，新义州百姓的生活水平很低，满街都是自行车、拖拉机、三轮车，少见像样的汽车，没有几座高楼。

落日的彩霞，映满西天。迎着习习的江风，乘船返到市区，回想江面之行，感慨万分。

• 写着"虎山长城"的关口

集安：中国"人参之乡"

清早，一轮红日从东方升起，我透过束束晨光，可见祖国边境农民正在鸭绿江边滩涂的庄稼地里锄草追肥；隔河相望，依稀看到朝鲜农民成群结队正躬耕于山坡岗地。中朝两国一衣带水，两国人民的友情多像晨曦霞光下的鸭绿江水，源远流长……

我从丹东市启程，沿鸭绿江北上，向吉林省集安市挺进、跋涉……

汽车在绿树丛中行进，左边是翠绿的长白山峦，右边是碧绿的鸭绿江水，层峦叠嶂，烟波浩渺，极尽韵味，大有"风景这边独好"的感受！

沿江行至上河口豁然开朗，鸭绿江水面突变宽阔，像一面巨大的明镜镶嵌在中朝边境线上。我的视线向左移到山体，漫山遍野的桃林装进眼眶：山沟、山腰、山岗、山坡、山涧，尽是桃林，掩映着一座座宾馆和别墅，在鸭绿江的衬托下，显得更加壮美。

上河口有"桃乡"之称，每到"五一"前后，这里成了桃花盛开的地方，方圆百里的山野，全是桃花的海洋。著名歌曲《在那桃花盛开的地方》就是在这里创作的，这首歌响遍了大半个中国，为此上河口这个地方出了名，成为祖国边境线上的一个景区，旅游者纷至沓来，赏花、看水、观山，领略异地风情。

这时，公路旁有一个放羊的小伙，放声大唱——

在那桃花盛开的地方，
有我可爱的家乡……

伴着小调儿，走过宽甸浑江大转弯，进入吉林省地界，闯入眼帘的是另一番景象，那就是"人参"："人参种植基地""人参栽培试验场""人参加工厂""人参酒业"等标牌字样频频出现在路边的林木丛中，让你感受到已经步入"人参之乡"集安。

人参长在高山密林，生在树下阴凉。大森林是人参的生息之地，又是人参的保护神。穿行长白山峰岭，与其说穿山越岭，不如说穿行森林。山路两旁的樟松、塔树、针叶松、桦木、橡树，一棵连一棵，一株挨一株；粗如石磨，稠似竹林；密密麻麻，层林尽染；直上青云，刺破蓝天；这就是长白山的原始森林。我望着那黑压压的密林，大有"幽林苔湿藤盘枝，古松枯树鸟欲宿"之感。

翻过古马岭，穿行凉水乡，顿感山体高大，更觉森林稠密，猛感气温清凉。让我奇妙的是远山顶端的林木中，依稀可见海蓝色条状棚布，好似

• 浑江大转弯

给森林搭建的排排帐篷，经探问才知道那就是人参种植大棚。远远望去，在林的间隔、树的缝隙，三三两两的山民提着柳筐，走在林间小路，穿来钻去，那是在开挖鲜参。

巍巍长白山，滔滔鸭绿江，繁养着久远的森林，孕育着天然的人参，造化着人类的健康，真可谓"山美水美人参美，腹有灵气罩人间"。

在深山丛林中跋涉，转眼来到榆林镇，后拐出九十度，改变方向继续北上。

汽车驶过四道沟、五道沟、岭下、老岭，到达双岔村停了下来。双岔村是个大村，原来是乡政府所在地，现在归属台上镇。村的左侧山顶出现一处人参种植大棚，海蓝色的塑布铺了大半个山体，一条河流缓缓穿过农舍，两名村妇正在河边浆洗衣裳。一名村妇指着水流说："这就是新开河，它发源于清河镇长岗村，经台上镇、花甸镇、财源镇汇入浑江，全长70公里，流域面积可达 375 平方公里。"拍照之后，我又沿新开河向上游进发。

对于"新开河"这个词很陌生。谈新开河人参，不能不谈集安人参。集安人参的采掘历史可追溯到高句丽时代，古代医药学家陶弘景所著《名医别录》就有高句丽人作《人参赞》"三丫五叶，背阳向阴，欲求我，椴树相寻"的记载。《柳边纪略》中注《药市赋》曰："人参三丫来自高句丽国。"据此推断，集安人参的发展历史至少有 1700 年。集安境地的新开河谷地存有荒崴子原始遗址、望波岭关隘、霸王朝山城古迹等。该谷地历史上是高句丽进入内地的"南道"，而就在这蜿蜒莽莽的大山腹地，生产着质量优良的新开河人参。元代以后，这里是历代皇家用参的供应地，到现在这里依然是驰名中外的"新开河人参"主产地，产量占全国的六分之一。中国医学科学院等十四家科研机构分析化验认定：新开河人参的营养成分之高为各种人参之首。

我沿新开河继续北上，山上海蓝色条状棚布越发多起来，据介绍这叫"参畦"，即种植人参的畦地。一眼望去，"参畦"在大森林的怀抱中，像高山瀑布，似蓝色宝石；如舞动飘带，比仙女下凡，真是林中一道绚丽的风景线。

穿过头道阳岔，道路突然颠簸不平，原来水泥路变成了土路，加上刚下过一场雨，路上全是泥、水、坑，真像"蜀道难，难于上青天"。越是向里走，越是路难行，越是"参畦"多。

经过艰难跋涉，到达二道阳岔。这里带"岔"的地名很多，什么"荒岔""外岔""西岔""东岔"等，再向里走，绿草如茵，山花烂漫，蜂飞蝶舞，幽溪鹿鸣，桦白松青，冷滟绝谷。尽管没了人家、没了村庄，但"参畦"依然可见，感到"山有多深，参有多远"。

走着走着，不觉眼前暗下来。怎么回事呢？我抬头朝天一望，树林将天遮挡得严严实实，一点光线也透不进来，而四周无比寂静，只听到鸟叫和溪流声。鸟叫山欲静，树林更显得阴森可怕，人更显得渺小，我只管欣赏这神秘的原始森林。这时，让人真真切切感受到什么叫深山、什么叫老林、什么叫原始。

我走着走着，见汽车走走停停，不住地踩刹车。我非常好奇，为什么总是刹车呢？

当视线转移到前边：啊！一条长蛇正穿过道路，顿感毛骨悚然，全身发紧，吓了一身冷汗，便问司机："为什么汽车不压蛇呢？"

"不能压，蛇是龙的化身，神的象征，怎么能压过去呢？再说，破坏生态环境啊！"

说完，司机又是一脚猛刹车，又是一条长蛇蠕动，骤然全身又是一阵抽动。然而司机却一点也不惧怕，他居然还敢下车去拱走长蛇。

没有了鸟叫，没有了人声，森林里一片寂静。

当行至一个叫八宝沟的地方，突然一阵狗叫，震醒了大森林。抬头一望，四只大黄狗向我们扑来，我戛然而止，不敢前进。这时，从木屋里走出一个男子，他叫孙忠巍，是集安市的下岗职工，他和爱人承包了这个深山沟，散养青蛙，蛙吃树虫，蛇吃青蛙，人参又被青蛇保护，多好的生态链啊！

这时，我坐上孙忠巍的"四不像"土造车继续前进。"四不像"是当地农民自制的一种既不像汽车又不像拖拉机的四轮驱动车，跋山涉水动力很大。"四不像"声音很大，开起来地动山摇。我站在车上，一手紧紧握住栏杆，一手拨开头上的树枝，迎面一层活蹦乱跳的小青蛙来不及躲闪，车轮后留下两行碾死的蛙尸。

山路，越来越暗；森林，愈来愈黑；溪流，越来越响。

大约走出5里路，河流截断道路。孙忠巍连停都没停径直往水里开。水花溅起一丈多高，车轮被水淹去一半，发动机声音变粗，车体侧侧歪歪，最后艰难驶出水面。

又前行了一段路程，已无路可走，只有徒步前行。这时，孙忠巍从车上拿了一根钢筋，预防野猪和熊，打草惊蛇，我迈开双脚，踏着厚厚的青草在林中穿行。此刻，心已吊在嗓子眼儿，既怕野兽袭击，更怕毒蛇缠脚。

莽莽野林，满目苍翠，恍若探险，胆战心惊，恐恐慌慌。大约走出一个多小时，孙忠巍带我来到一棵大树下见到一棵野人参，我终于见到了野人参。参见野人参，这是我一生的愿望，看它怎样生长。

再向前走，眼前出现一个标牌，上面写着：神威药业有限公司GAP绿色药源（人参）种植基地。这块绿色标牌在"踏破铁鞋无觅处"的林间深幽，显得那样清晰而厚重，它系着决策者和全体员工的心，体现了人们追求绿色，追求天然。

峰回路转。我从新开河绕道来到集安市。

信步于集安市区，我的注意力放在眼前一个巨大的乱石堆上。石堆呈圆形锥状，四周铁丝网围栏，让人感到奇妙、惊异。据集安市宣传部的同志介绍，这是古代高句丽时期的王陵，像这样的王陵市区有许多，连同集安的其他38座王陵、王城及贵族坟墓，都被联合国教科文组织列入世界文化遗产。一个小小的县级市集安，竟有这么多扑朔迷离、史迹斑斓的世界文化遗产。聆听历史的回声，禁不住发出"叹观止矣"的无限感慨！据介绍，集安历史悠久，公元3年，我国古代东北边疆少数民族高句丽迁都内城（今集安市区）并作为都城长达425年之久，留下大量的文物古迹，其中有驰名中外的"东方金字塔"将军坟、好太王陵、"海东第一碑"好太王碑、"丸都山城"遗址、高句丽古墓壁画等42处遗迹。有人推测，为什么中国古代少数民族高句丽迁都集安？不能不与这里的"人参"联系在一起。这里气候湿润、空气清新、水质爽甜、温度适中，很适合人参生长，当然更适合人类生活，集安巨多长寿老人的存在更验证了这里的环境。

坐落在集安的云峰大坝是中朝友谊的纽带。我登上大坝，双方人员正在加紧施工，这是中国和朝鲜在鸭绿江上合作建设的发电站。大坝将鸭绿江截流成人工湖，面积达102平方公里。大坝一头连着中国，一头系着朝鲜，两岸村庄、田地清晰可见。从大坝下到底部是人工湖，乘船而游，两岸高山耸立、峡谷幽深、云雾缭绕，构成一幅秀丽的湖光山色，大有回归

● 世界文化遗产高句丽遗址

● 集安口岸鸭绿江大桥上设立的牌楼镶有国徽

大自然之感。

集安是吉林省对朝开放的最大口岸之一，市区的"集安口岸"为二层楼白墙红瓦建筑，我看到这里集结了很多办理出入境手续的人群。

我来到鸭绿江大桥，大桥建造得很宏伟，上面设有"集安口岸"标识，挂有国徽，飘着中国国旗，是一个国门形状的建筑。大桥由铁路穿过，显得十分威严、庄重，只见满载货物的火车鸣着长笛通过。大桥不远处是一个破旧的楼体，上面弹孔累累，据说这是朝鲜战争时留下的伤痕，现已成为遗迹。

边防战士的岗楼修筑的非常漂亮，耸立在鸭绿江边。岗楼为7层，最上边一层为瞭望塔，边防战士接受采访时说："能够在这样一个美丽漂亮的边境线站岗感到快乐和满足！"

● 鸭绿江边的白色岗楼威严、庄重

令人感兴趣的是一个边境小城,还有一处"五女峰国家森林公园",位置处在进入集安市的303国道旁,为国家首批20个重点风景示范区之一。我登上五女峰山顶,天高云淡,迤峰叠岭,风清气爽,茫茫林海就在脚下。林中的大峡谷中有老虎岩、仙人台、一线天、洞天皓月、高句丽遗址等,绝境妙色是大自然赐给这个拥有世界文化遗产边境的绚丽瑰宝。

天已近黑。晚宴是在鸭绿江边一家朝鲜族饭店进行的,集安市广电局特意招待。餐桌上摆满了人参枣、人参鸡、人参饼,这分明是一席"人参饭"。当一大盆人参汤端上餐桌后,餐厅经理指着滚烫的人参说:"这玩意儿营养成分太大,不可多用,男人吃了胃火大,女人吃了肝火强,地种多了土壤受不了。"吃到尽头,一曲朝鲜族歌舞《集安,人参的故乡》把气氛推向高潮——

集安,你是那样健壮,
集安,你是那样刚强,
您培育了人参,造就了人类健康……

接天的山轮,顶空的松树,扑鼻的参香,托着动听的歌声在长白山麓、鸭绿江畔,久久回响、游荡。

五女峰国家森林公园

临江：面临鸭绿江的古城

穿过耸立的山峰、交错的沟壑、纵横的河流、茂密的林木，我来到长白山腹地的临江市，欣赏着祖国的大好河山，目测着漫山遍野碧绿的山林和花草，拉近了与大自然的距离。

临江，顾名思义，面临江河。临江市一座座楼房恰似白玉散落在鸭绿江北岸，千窗万扇玻璃在灿烂阳光反射下，闪闪发亮。

• 中朝友谊大桥桥头的 31 号界碑

站在鸭绿江畔,凝神隔河眺望,对面是朝鲜的两道三郡,即两江道、慈江道和中江郡、金亨稷郡、慈城郡。只见光秃秃的山、苍凉的土地、干涸的河沟,与中国一方形成明显的对比,反差很大。透过田埂、垅地,清晰可见朝鲜百姓面朝黄土,牛拉人扛,刀耕犁翻,倒退中国50年。

临江原本是一个县,它是由小到大、由弱到强迅猛崛起的一座新兴城市。这座县级市有着悠久的历史:夏、商、周时隶属青州和营州,秦时归辽东郡,明时属建州。临江,因坐落在一座很像猫耳的山前,古称"猫儿山",1902年清朝设立临江县,形成一个东西长2.5公里、南北宽0.5公里的县城,曾为辽东省委、省政府、省军区所在地。这里有著名的"四保临江"战役纪念馆、赤壁林立的珍珠门影视基地、天水一色的苇沙河生态谷、雄奇壮观的七道沟瀑布群、奇特美好的天然溶洞、绿意融融的溪谷大草原,山清水秀,风景旖旎,自然与人文资源相得益彰。在这里,人们真真切切感受到:原始、自然、神奇。

我沿鸭绿江临江大道由西而东前行,最突出的地标是中朝友谊大桥。站在桥头,那奔腾的江水、一字排开的桥墩、凌空而起的桥面,大有"一桥飞架南北"的恢宏气势。我攀登到桥头中方一侧,战士扛枪坚守在岗,目送着过往人群。桥头的西侧是界碑,不少游客在此拍照留念。大桥延伸到新建半圆形国门,很是壮观,这是我国投资两亿元新建成的一类口岸,包含了海关、边检、检疫等机构,一位边防战士在接受采访时说:"到我方的朝鲜人非常守规矩,早来晚归,很少有脱北者。但也不排除个别现象,这一类人是偷渡而来,并不在中国久留,而是到阿尔山一带逃到蒙古国,再从第三国去韩国。"

顺江而行,只见临江人在江边开垦了河滩地种植蔬菜,采摘、运送,自由行走,一位手提菜篮子的群众说:"放心吧,我们不可能越境。朝方监视的很严,到处都有部队设的暗防。"

我走到临江大道中部河心岛,岛上绿树丛生,最引人注目的是一座陈

● 鸭绿江临江对岸的朝鲜村庄

● 河心岛上的陈云雕像

云的雕像,陪同参观的临江市的张市长说:"陈云在临江是一大亮点,他永远活在临江人民心中。"接着张市长介绍了陈云在临江的情况,他说:"抗战胜利后,党中央于1945年9月派中共中央政治局委员陈云来东北工作。1946年11月,陈云辗转到临江,在此地指挥了著名的'四保临江'战役,打退了国民党军队四次对临江的进攻,粉碎了敌人的作战计划,扭转了东北的战局,直到1947年6月离开临江。电影《陈云在临江》就是在临江拍摄的。"

在陈云雕像的一侧,立有一石壁,记述了陈云的生平事迹及在此指挥战斗的情况。江心岛因陈云雕像而开辟为陈云公园,绕岛一周,这里有习练的、阅读者,还有观光的人群。

与河心岛相对的是临江林业局,陈云的旧居就坐落在林业局大院。"陈云同志旧居"牌匾是萧劲光同志题写。我走进陈云旧居,屋内摆放着陈云的生活用品和图片、史料,详尽介绍了陈云在临江的工作情况和战斗经历。

• 北山公园

从当年的照片中可感受到一代伟人运筹帷幄、力挽狂澜、勇于决策的大无畏气概和超常的胆识。

临江城的最东端为北山公园，由林业局下属一个林场改建。临江林业局的规模很大，全市辖区面积3000平方公里，多为林场。整个林业局职工达七万多人，管理着境内所有的山林。北山公园雕刻着临江林业职工的创业历程，记述着先辈艰苦奋斗的感人事迹。

下午，我参观了健今药业公司和利生源公司，品尝了人参露、西洋参软胶囊、刺五加口服液，顿感精神焕发。

临江不是很大，但名气不小，风景优美，在这里先后拍摄了《五朵金花》《林海雪原》《神秘的旅伴》等三十多部影片。

越崇山峻岭，穿层层树林，我还参观了林中影视基地。只见这里青草萋萋，绿树遍山，山间、树地、草场，长满了很多中药材。

我住在临江林业局宾馆，这里别有情趣，枕着长白山岭，望着鸭绿江水，听着猫耳山松涛，闻着四季花香，置身在大自然中。

长白山天池：中国最大的火山口湖

沿中朝界河鸭绿江北上，去长白山天池体验大自然的造化。长白山天池又叫白头山天池，它是鸭绿江的源头，又是中朝两国的界湖，国境线从中穿过。

长白山，乃中国之名山，途中一路风光无限。

天池坐落在群山之巅，顺着弯弯的山路，穿过大片大片的原始森林，终于到达景区大门口。上天池，必须乘景区内部的专用汽车，可能是出于安全考虑。

哪知，这里不单有天池，还有瀑布、温泉、黑风口、地下森林、峡谷、火山熔岩林等景点，向国内外游客开放。

• 作者站在犹抱琵琶半遮面的云雾天池旁

我首先来到温泉群,水流哗哗,蒸汽升腾,有不少当地群众提着鸡蛋在温泉中煮熟,现卖给游客品尝,美言长寿食品。温泉群面积为一千多平方米,共有13个泉眼向外涌水,水温在80度,有的地方达90度以上,水中含有丰富的硫化氢,据说能治皮肤病和关节炎,有些人就把腿和脚放进热水中浸泡,以示效果。

沿着温泉群前行,路旁的野地黄花分外好看,再走,就是著名的长白山瀑布。只见飞流的水波一泻千丈,腾起的浪花四溅,大有"飞流直下三千尺"之感,生动再现了"疑似龙池喷瑞雪,如同天际挂飞流"的境界。瀑布的轰鸣声震耳欲聋,传至四周群山森林。这一瀑布是从天池北面的一个出口泻出,经过一公里长的蜿蜒曲折,再从七十多米的绝壁

• 去天池的大门

上倾斜而下,形成了长白山瀑布。除了长白山大瀑布外,还有不少瀑布形成湖泊,尽管小一些,但也很有特点,细微之处见精华。

人到此地,能见到真正的天池是件不容易之事。因为天池处在山顶,云雾缭绕,往往来一趟什么也看不见,扫兴而归。

我乘坐景区的越野车开向天池,一眼望四季。开始山路边树木茂密、野花芳香,随着山势的升高树木逐渐减少,直到完全消失,转而变成厚厚的草甸,偶尔一树也是歪七扭八,病态万状。这与海拔和气候有关,没了树的遮挡,山石裸体,公路暴露,显得地势也险要多了。汽车不间断地急

● 步梯旁野地黄花风景优美

转弯、急刹车，左右扭晃，让人提心吊胆、惊恐万分。

突然，汽车一个急拐，钻进云雾，停在一处平坝子上，天池到了。谁知，一出车门山风很大，还夹杂着雪花。沙石打在脸上，生疼！风吹的甚至站不住脚，而且很冷，简直到了寒风刺骨的地步。无奈，我租借了一件棉大衣披在身上，向天池攀登。因为下车处距天池还有两百多米高度，山势很陡峭，车开不上去，只有攀爬。

我躬身攀啊攀啊！飞云挡住视线，浓雾缠住身体，沙尘打向脑袋，能见度很低，骤然心也揪紧了。我心情急切，这么多浓雾被罩，上去会不会失望？我想，肯定看不清天池了。然而，勇气又来了！即使看不清，也算到达啦！

坚持着爬啊爬！哪知，刚爬到天池顶，乌云密布，隐隐约约看到天池。

突然，一阵大风，云雾突然消散，露出了太阳和蓝天，天池像一颗璀璨的明珠展现在眼前：那湛蓝湛蓝的湖面，像一圆形镜子，面朝天体，四周是土黄色的群山包围，片片云彩散落在水中，像棉花朵一样白净，深坠、沉静、纯洁，这便是天池！

站在天池边眺望，可见对岸朝鲜方的妇女，在洗衣、挑水。听导游介绍，长白山天池是中国最大的火山口湖，荣获海拔最高的火山湖吉尼斯世界之最。天池呈椭圆形，南北长4.85公里，东西宽3.35公里，面积十多平方公里，水深200～373米，周围环绕着16个山峰，犹如镶嵌在群峰之中的一块碧玉。因高出2194米海拔，常年云雾弥漫、覆盖，所以人们很难看到真实面貌。天池是松花江、图们江、鸭绿江的三江源头，没有受到任何污染。

▶ 云散雾去后的天池

● 朝鲜族歌舞演唱优美动听

　　天池出名，游人增多，惊现出水怪之谜。那是1976年8月，一群北京来客正在天池边散步，突然发现一头毛色黝黑的形如棕熊的怪物露出水域，面目狰狞，游客慌忙逃窜。据统计，三十多年来，共有二十多人5次目睹到水怪，留下一团迷云。

　　天池，那样神秘而多彩！

　　天池，那样美丽而动人！

　　夜宿天池景区，我有幸在此观看了一场朝鲜族文艺晚会。朝鲜族歌舞声，不断地在天池上空飞飘、飞飘……

图们江：中、朝、俄金三角之地

马不停蹄，日夜兼程。

沿中朝界河图们江北上到图们市耗时一天一夜的行程。

图们坐落在延边朝鲜族自治州，三面环山，一面临江，依山傍水，与朝鲜隔江相望，东部与珲春及俄罗斯相邻，为中、朝、俄大金三角地区，

• 图们江畔观景台和界碑

总人口为13万。这个边境城市是吉林省唯一有铁路和公路与朝鲜相通的国际一类口岸。

图们为满语，是"万水之源，河流众多"之意。当赶到图们市国门，这里已集结了很多拍照的游客。图们口岸紧靠图们江，宏伟壮丽的国门高高矗立在中朝国境桥头，上面写有"中国图们口岸"字样，国门两侧有浮雕，一旁有阶梯可上。登上国门顶部，眺望朝鲜南阳城历历在目，尽收眼底。图们国门修筑考究，总高13.8米，长22.5米，宽5.7米，现代气息很浓。国门右侧，立有"中国图们口岸"石碑。

从图们市顺图们江左岸继续前行，去探寻中、朝、俄三国交界的中国"土字牌"老界碑。生活在吉林省特别是辖区白山市和延边州的人们都知道，中国和朝鲜边界，前者为鸭绿江，后者为图们江，一条流入黄海，一条注

入日本海。河界加起来总长度为1289公里，只有很短一段国界为陆地接壤。前行的路上，一位边民指着图们江说："这条江一直流向日本海，河的左岸为中国的延边朝鲜族自治州，右侧为朝鲜的咸镜北道，当年金日成在此闹革命的遗址随处可见。"

经两个多小时的跋涉，我来到图们江临近入海口一个叫防川的小村庄，别看这个村庄小，却是一个非常特殊的地方，它记载着中国人一段不堪回首的历史。这里有一块1886年立的"土字牌"界碑，碑高1.44米，宽0.44米，厚0.22米，为花岗岩质，字迹已经磨蚀。上面刻着"土字牌"三个大字，左侧刻有"光绪十二年四月立"八个小字，右侧刻有俄文标识。当时，清政府钦差大臣吴大澂与沙俄代表巴拉诺夫据理力争，大义凛然，反驳俄方的无理要求，但最终没能如愿。

防川，成了中朝边界的最东端和中俄边界东段的起点，也是中、朝、

• 土字牌

• 图们江大桥两国边界线

一眼望三国

海参崴中心广场

俄三国的交汇处,被称作"鸡鸣闻三国,犬吠惊三疆"之地。从中国版图上看,是雄鸡啼唱的下喙尖。

在此,让我回忆起上次去海参崴*。那是在市中心的北京街,保存下来的中国居民区为数不多了,看着破破烂烂的房屋,看着摇摇欲坠的围墙,那种压抑的心情是无法形容的,不忍心走进那杂乱的院落,更无力去探寻中国人过去的住所,只有满腹的愤恨冲向软弱、腐败、无能的清政府。①

随着时间的推移,俄罗斯人大批大批地迁来,中国人逐批逐批地离开这里回国,有一部分中国人不愿意离开故土而留了下来,到1920年全市劳动人口40%是华人,这些中国人有港口工人、食品店主、企业职工、演员和农民。他们聚居在中国城区,有的分散于其他街道。这里有中国学校、中国剧团、中国墓地、中国商店、中国餐馆,中国活动区都讲中国话,唱中国戏。为了保护中国人不受侵犯和凌辱,我国在海参崴设立了中国领事馆,海参崴市警察局还专门设立了中国警察分局。

天已近晚,窗外的远山、近林倍觉亲切,脑子里满是"海参崴"的字眼儿,内心沉重。一个国家,一个民族,最痛心的是领土的失守。

---

* 海参崴:清朝时为中国领土,1860年11月14日签署的《中俄北京条约》将包括海参崴在内的乌苏里江以东地域割让给俄罗斯帝国,俄罗斯帝国将其命名为符拉迪沃斯托克。

东宁：亚洲侵华日军要塞之最

汽车离开珲春市沿珲春河北上，过哈达门、马滴达、五道沟、春化、兰西林场，离开吉林省地域后过省界，进入黑龙江省境内。

接着，过老爷岭、老黑山，沿边境线一路北上……

尽管是高山峻岭，管它是峡谷沟壑，汽车飞速前进……

行车中，司机介绍东宁是"九山半水半分田"的地貌，所以这么多山！

· 疫情中封闭状态的东宁口岸暂时禁止一切车辆通行

东宁市是黑龙江省的县级市，位于黑龙江省东南部，东与俄罗斯接壤，边境线长 179 公里，南与吉林省相邻，是东北亚国际大通道上重要的交通枢纽。

经过十个多小时的长途跋涉，于下午两点多钟到达东宁市。一进市区，满眼的俄罗斯风格建筑，满目的俄罗斯店铺，好像进入俄罗斯国家！原来，这里临近口岸，靠俄罗斯发展贸易，使这个小小的东宁市充满了俄罗斯气息！在东宁城区，我先后去了东宁市博物馆、农贸市场、寺庙，还去了旧城区。

穿过东宁城区，我去往东宁口岸采风。

路上，两边的庄稼地一片枯黄。当行至一个三岔口镇的地方，车停了下来。路边的镇塔格外醒目。

原来，三岔口是个历史重镇，它见证了过去。当地向导向我讲述说："此地清末设治，以其地居宁古塔东部而得名。1881 年三岔口地方设招垦局，招民垦荒。1909 年三岔口设置东宁厅。1913 年东宁厅改为东宁县。"

三岔口镇早在清末民初就是中、俄、朝三国民间贸易的重要集散地，人们由此到双城子、海参崴等地从事民间贸易，俗称"跑崴子"。

车行十分钟，东宁口岸到了。看上去，国门建造得宏伟、庄重。因为疫情，口岸暂时封闭。广场上的"少女像"、石雕旁冷冷清清。商品交易店闭门不开。

我好不容易见到一位巡警，他说："这里是我国的一级陆路口岸，

• 三岔口镇塔

- 口岸和平雕像
- 东宁要塞
- 要塞露天实物展

与俄罗斯陆路相接成网，铁路相通，又是中俄水陆联运的最佳路线，该口岸于1990年正式对外开放。"

我问："贸易来往怎样？"

巡警讲："历史上这里曾是中、俄、朝、日等国客商云集的地方。改革开放以后，与俄罗斯、哈萨克、乌克兰及其他独联体国家的三十多个州区九百多家机构建立贸易往来，还同多个国家地区建立经济贸易关系。"

离开口岸，我从三岔口镇南行5公里来到南山村边的东宁要塞，这是印象较深的一次采访。东宁要塞是侵华日军修建的亚洲最大的军事要塞，为省级文物保护单位和国防教育基地，是中国沿边开放带上重要的旅游观光基地。

在要塞入口处，树立着"勿忘国耻，强我中华"的纪念碑。广场的中心是"苏联红军烈士纪念碑"及"第二次世界大战最后战场"纪念碑，在广场左侧是"劳工殉难纪念碑"，右侧为"抗联英雄纪念碑"。

走进要塞，讲解员详细介绍说："东宁要塞始建于1935年春天。日本从中国山东、河北、吉林榆树等地用欺骗手段招募劳工，还有一些是中国战俘。前前后后共有17万名劳工参加了东宁要塞的修建。中国劳工和战俘受到了非人的待遇，每天都有十几个甚至几十个劳工死于非命，有的还被日军残酷地杀害。"

讲解员指着一张图片介绍："日军用火车运来了一千多名慰安妇，这其中有日本、朝鲜和中国的妇女，当年东宁五镇设有二十多个慰安所。"

当我问到作战情况，讲解员说："1945年8月8日苏联对日宣战，兵分三路对东宁要塞进攻，日军以弱对强，战斗持续了7天之久。苏军以空中、坦克、步兵联合攻击，强行攻破日军多年苦心经营的东宁要塞。由于苏军的猛烈轰炸和日军的仓皇逃窜，守在东宁要塞中的日军不知道天皇已经投降。最后，日军放弃抵抗，901名日军于8月28日打着白旗投降。"

东宁，这个曾经的侵华日军之地，历史永远不会忘记！

绥芬河：罕见的"百年口岸"

从东宁口岸驱车来到绥芬河市口岸。两口岸近在咫尺，仅 40 分钟车程。

绥芬河市因境内的绥芬河而得名，这是一座风光秀丽的边境山城，边境线长 27 公里。

当到达绥芬河口岸时，已经封锁，很少见到车辆和人员进出。因为黑龙江境外输入病例增多，绥芬河口岸关闭，戒备森严，边防人员严格把守。

我出示了有关证件之后才在远距离拍了一张关于口岸的照片。

· 作者走出疫情中冷冷清清的绥芬河口岸

在国门，关口的人员向我介绍："绥芬河距俄罗斯对应口岸16公里，距海参崴210公里。通过绥芬河口岸，陆海联运货物可直达日本、韩国、东南亚等国家和地区。绥芬河是中国东北地区参与国际分工与合作的重要窗口和桥梁。"

绥芬河口岸坐落在长白山北端，作为国际通商口岸已有近百年历史。

我在口岸旁边看到，此处开辟了"绥芬河国门景区"，大门口有几个人正在交易俄罗斯卢布。我走上前去，寻问换取卢布的情况。我问一位女士："为什么这个地方能交易卢布？"她讲："这个城市在哪儿都可以换。2013年，绥芬河市已正式被国务院批复为中国首个卢布使用试点市。这是新中国成立以来，首次允许一种外币在中国某个特定领域行使与主权货币同等的功能。"

在距口岸不远处，我无意中发现竖立着一座石碑，上面写着"百年口岸"四个字，我很好奇。

百年口岸！这在边境线上是少有的。于是，我现场采访了当地向导，听取了他的介绍。

"百年口岸"石碑

● 俄罗斯建筑风格的绥芬河国门景区大门

  他说，先有口岸，后有绥芬河市。1860年《中俄北京条约》的签订，使绥芬河成为边界地区。1897年中东铁路开工，1903年建成通车。这条铁路的建成，大量人口开始向这个地方聚集。1933年绥芬河公署成立，隶属伪北满特别区公署。当时，俄、日、朝、英、法、意、美等18个国家的使节和商贾云集绥芬河，各国旗帜林立，时称"旗镇""国境商业都市"，还获得"东亚之窗"的美誉，被视为"东部文明中心"。这是"火车拉来的城市"。

  在郊外，我参观了地标"铜奔马"街心雕、"锚雕"，之后走进城区。

  信步在绥芬河城大街上，目光中都是俄罗斯建筑，而且都很古老。从古房古屋上看，它见证了绥芬河市的历史。

  据记载，绥芬河历史悠久，早在四五千年前就有中华民族的祖先在此繁衍生息。先后隶属于唐、金、明、清等朝代，唐称"率宾水"，金称"苏滨水"，明称"速频江"，清代始称"绥芬河"。"绥芬"一词源于满语，"锥子"之意。

  沿街而行，我走到站前路北端，看到了著名的大白楼。大白楼建于

1913年，二层圈楼门窗雕饰豪华。楼前一位工作人员介绍："修建中东铁路时期，大白楼为俄国铁路员工宿舍。1924年，李大钊、罗章龙、王荷波等人曾在此居住。"

我听后感到好奇，又一询问，原来早在1928年，周恩来、邓颖超、李立三、蔡畅等五十多人参加完莫斯科大会后分批经绥芬河回国，也入住于大白楼。如今，大白楼已成为纪念馆。

我继续沿街而行，当行至通天路南段与迎新街交汇处西南侧，"人头楼"出现。这也是一座古建筑，于1914年建成。"人头楼"楼顶檐下雕有"人头面孔"浮雕，因而得名。据了解，此处原为俄国人赤查果夫茶庄，贮存、检验出口茶叶之地。沦陷时期为日本领事馆。解放后为驻军营房、东宁县政府办公楼。

• 街心"铜奔马"雕像　　• 城雕：不忘历史"锚雕"

珍宝岛：镶嵌在乌苏里江的绿宝石

美丽的乌苏里江，波浪翻滚，荡漾而去……

从黑龙江省虎林市出发东北行，来到处在乌苏里江边的虎头镇。这里有"望江亭""东方第一庙关帝庙"和"虎头友好公园"，江边还立有"乌苏里江"石碑。河的对岸是俄罗斯的伊曼市。

虎头镇北边的猛虎山，是闻名于世的虎头要塞，是当年日本秘密修筑的地下工事，凡是到虎头的人都要参观，不会放过这一机会。

• 虎头镇是乌苏里江的起点

● 历史文物关帝庙

　　来到虎头要塞,广场上的苏军解放虎头纪念碑巍然屹立,后面即是虎头山。山系由虎头、虎身、虎尾组成,虎视眈眈,卧守六方。山内,是一军工要塞。从山涧洞口进入,参观昔日戒备森严的军工要地。我走了很长一段阴暗、潮湿的坑道,看到里面有军火库、指挥所、作战室、电报室和发电厂等。讲解员介绍:"1933年日军侵占虎头后,在这儿动用了数万华人修筑地下工事,耗时达6年之久,最后把劳工全部枪杀,不留活口。"在这里,立有"第二次世界大战终结地纪念碑"。

　　顺乌苏里江西部的一条省道北行,路边森林茂盛,山花竞开,野兔出没,溪流潺潺,偶尔可见采药的老农背筐穿行。为了活跃气氛,我专门买了一盘磁带,不断播放《乌苏里船歌》——

乌苏里江来长又长,
蓝蓝的江水起波浪……

• 珍宝岛岛门

　　大约走出两个多小时，过一个叫杜木河的地方后出现一个三岔路口，再向东去，路边木牌写有"公司亮子"。公司亮子是当地赫哲族语"打仗的地方"之意，表明珍宝岛快到了。汽车又行半个小时，浓林中掩映着两座木制阁楼，上面写着"珍宝岛江鱼馆"，旁边即是白茫茫的乌苏里江。这时，我一眼就望见对岸的珍宝岛，一只游船运送来往的游客。

　　等船之时，我爬上旁边的山坡，登高望远：珍宝岛形如元宝镶嵌在乌苏里江河的西部中方一侧。边防战士介绍，珍宝岛长2300米，最宽处500米，面积0.4平方米，此岛距我方陆地100米，而距俄方陆地300米。因为它像元宝所以叫珍宝岛。

　　上了游船，划行在百米之宽的河道中，波光粼粼，水鸟飞翔，迎面就是宝岛。只见红色岛门上写着五个镀金大字："中国珍宝岛"，两边墙体上分别写有"提高警惕，保卫祖国"。

　　登上宝岛，在边防战士的带领下，过岛门沿一条名为"北京路"的小道前走右行,来到我军第一代营房驻扎地,看到一座非常普通的平房,破旧但完好,墙体依然保留着当年的标语字体:"身居珍宝岛,胸怀五大洲""解放全球""以哨所为家,以艰苦为荣""永保边疆"。前边是第二代营房,为一圆形碉堡建筑,墙体刻有"中国领土不容侵犯"。漫步在岛上,昔日的城堡、战壕、掩体沟依稀可见,密林中至今还埋有两千多颗地雷。

穿越一座红木桥为一处爱国主义教育基地,是 1969 年我军在珍宝岛对苏反击战时英雄杨林牺牲的地方。一棵大树上挂有"英雄树"的字样,旁边立有一大木牌,上面记述着杨林烈士的作战经历:战斗英雄杨林,1969 年 3 月 15 日战斗中,当敌人冲入我内河的 4 辆坦克被我军炸毁一辆,其余 3 辆慌忙逃窜时,他奋不顾身,带领两名同志在毫无隐蔽的冰道上架炮,击伤敌坦克一辆。这时,他左手三个手指头被打断,右手被子弹打穿,以

● 岛上立有"英雄树"红牌介绍战斗英雄杨林的故事

• 岛上的歌舞晚餐

惊人的毅力继续射击,又击中敌人装甲车一辆,正要射击另一辆前来的装甲车时,几乎与此同时,一发炮弹落在杨林身旁。顿时,硝烟弥漫、冰雪纷飞,杨林倒在树下,献出了年轻的生命。

旁边的旧坦克皮、旧坦克履带残骸,见证了当年那段战斗的经历,仿佛在叙述当年的血泪史……

离开珍宝岛,望着滔滔的流水,心情久久未平……

抚远：祖国最早迎来第一缕阳光之地

一路跋涉，一路行进，匆匆忙忙来到中国最东部的抚远县。

抚远，处在黑龙江和乌苏里江交汇的夹角，与俄罗斯远东第一大城市哈巴罗夫斯克市相邻，它是中国的一个重要口岸。我第二次来到抚远，有另一种感受。

站在县城，那耸入云天的县标球体，表明是祖国最先迎接太阳的地方，一侧立有"东极抚远"的石碑。中俄界碑立在江边一沙土地上，界碑写着"中国，258（1），1993"。

• 黎明前的乌苏镇

• 英雄哨所　与日同升

乌苏镇是抚远县最东部的一个镇，那里有全国著名的"东方第一哨"，其坐标为东经 134° 40′ 20″，北纬 48° 15′ 29″。

凌晨一点多钟，披着夜幕和满天的星斗，我乘车从县城出发向乌苏镇行进。天苍苍，地茫茫，四周全是漆黑的旷野，偶尔几盏明灯，那是村庄农舍，还能显示出生灵的存在。陪同采访的县委宣传部的同志介绍："中国真正的东极在乌苏镇，而不是县城，那是广义上讲。乌苏镇引乌苏里江前两个字而得名，原来镇子商贾云集，人气很旺，后因偷劫盗匪成灾，居民迁走，萧条下来，现在只有一户人家、一条小路、一个哨所、一间房屋，堪称世界小镇之最。军旅作家刘兆林一篇《国雪热闹镇》使乌苏镇名扬天下。"

大约走出半个多小时，出现一片沼泽地，东方开始发白，原野大地出现线条。突然，公路右侧闪出一个标牌，上面写着"乌苏镇"三个大字，夜色中依稀可见一耸立的岗楼直插天幕，可见，乌苏镇就要到了。

到达乌苏镇方见这里聚集了很多人，都是观日出的。只见乌苏里江岸边，有人穿着大衣，有人披着毛毡，有人缩成一团，眼望着东方的鱼肚色，望眼欲穿……

身后本是边防战士的宿营地、操场、办公楼，但都被夜色淹没吞掉，偶尔几个扛枪的战士转来转去，主动给人们提供热水，但人们的注意力都在东方。

2点5分，10分……

随着时间的移动，东方亮度越发明快，天色和水色连在一起……

2点11分，12分，13分……

突然，一轮红日露出水面，从天边尽头冉冉升起，光芒四射，绚丽多彩！

● 与升国旗的战士聊天，感受"我把太阳迎进祖国"……

• 霞光洒在"东界碑"

时间：2 点 15 分！

大地活跃了：山峦露出笑脸，草地披上银装，江面染成红色，树木挂上彩绸。

这是祖国最早迎来的第一缕阳光，它首先洒向被誉为"东方第一哨"的哨所。只见哨所岗楼、哨所石碑、哨所国旗、哨所战士，沐浴在色彩斑斓的晨光中……

披着晨光，人们先是在"乌苏镇""东极""东界碑""我把太阳迎进祖国"等石碑前留影，然后走进哨所。哨所迎面红色的旗帜非常亮丽，闯入眼帘的是胡耀邦的题词："英雄的东方第一哨"，这是 1984 年时任中共中央总书记胡耀邦视察时亲笔为乌苏镇哨所题的，正面是一个硕大的中国版图刻在地面上。我登上哨所瞭望塔，可见祖国的山河，可望俄罗斯的领土。

• 黑瞎子岛湿地

一位边防战士说："我们每天总是第一个把太阳迎进祖国，感到自豪和高兴，因为此地是中国的最东边！"

其实，随着历史的变迁，这里已不是中国的最东方，现已经移向黑瞎子岛。黑瞎子岛已由俄罗斯归还给了我国，成为我国最东端的一个岛屿，处在我国领土的最东方，取代了乌苏镇。

登陆黑瞎子岛是这次抚远之行的主要目的。在边防战士的引领下，我登上这个回归祖国的岛屿。站在岛上，首先看到的是俄罗斯人留下的兵营和教堂，再向四周眺望，满眼的树林、灌木、杂草、水洼、沙土，这是由黑龙江和乌苏里江相交汇而冲积成的一片绿洲，起初岛上很多黑熊，东北人就叫起黑瞎子岛。由于历史的原因，黑瞎子岛于1929年被苏联占领，长期游离祖国。经过两国领导人的双方谈判，才回到祖国的怀抱，之后中俄两国举行划界仪式，新立259-4（1）号界碑，拉上了丝网。

漫步在黑瞎子岛，看到施工人员正在架设"东方第一桥"乌苏大桥，建筑"东方第一塔"东极宝塔，铺设"东方第一路"黑瞎子岛公路，围栏"东方第一湿地"黑瞎子湿地公园。很明显，这一系列的东方将取代乌苏镇的东方第一，这里将成为祖国迎接第一缕阳光的地方，它的政治意义要比乌苏镇大得多。

离开黑瞎子岛，我又赶到黑龙江岸边参观"白四爷庙"。庙宇背靠土坡和郁郁葱葱的树林，面朝滚滚的江水，有一农妇在这里看管。走进庙中，一幅《白四爷赞》展示给人们，上面写着：救苦济贫急人难，美名千古中外传。电闪雷鸣乌云散，祝愿天下皆平安。

萝北：三江平原上的北大荒人

我的脚下是昔日有名的北大荒，今天变成了北大仓。我正启程前往黑龙江省的萝北县，目的是采访边境城镇老一代拓荒者。这是我第二次到萝北。

三江平原的景象美极了，一派北国风光。突然，"北大荒欢迎您"的标牌出现，接着视线中一个连一个的农场，大型农业机械在大田中作业，现代化喷灌设施一展风采。在农场场部，还不时出现什么"山东庄""北京庄""天津庄"等带"庄"字的场名，感到好奇。这应该是特殊时期的历史产物。

"北大荒欢迎您"的标语

● "垦荒者"雕像　　　　　　　　● 河北庄收藏的垦荒队队旗

那是1955年5月，毛泽东提出："农村是一个广阔的天地，在那里是可以大有作为的。"北京石景山区西黄乡22岁的杨华看到毛泽东指示，第一个响应，开赴到萝北北大荒，接着团中央向全国青年发出号召："到农村去，到边疆去，到祖国最需要的地方去。"至此，全国青年纷纷报名到北大荒，其中河北省多名农村青年应征前往萝北县，于是出现了"河北庄"。

出于记者的兴趣，改变路线前往"河北庄"采访河北老乡，了解一下故乡人在北大荒的变迁和生活情况。

进入"河北庄"的地界，一红色的门牌立在马路间，上面写着"第三管理区（河北庄）欢迎您"。进入场部，我被广场上一个白色雕像吸引，塑像为三名垦荒战士，下面写有"垦荒者"三个大红字，背面写着：

在这片神奇的土地上，冀中儿女耕耘播雨，披荆斩棘，开拓进取，艰苦奋斗，创家立业，铸造出无私奉献的精神、勤劳朴实的作风、坚韧不拔的意志。铮铮铁骨的北大荒人，选择的人生课题，就是在人民奋斗一生的火炬下，实现自己美好的追求。

办公室里存有一面红旗，上面写着"河北省青年志愿垦荒队"，落款时间为 1955 年 11 月 5 日。

"河北庄"老干部科的同乡热情接待并介绍情况。那是 1955 年，河北保定、石家庄、衡水等地会集六百多人，响应团中央号召来到萝北汇入垦荒大军。一个个犁地、割草、挖沟、种粮，日出而作，日落而息。住窝棚，啃干粮，睡地板，受到熊瞎子、野狼、毒蛇、蚂蟥的袭击。先后共开垦荒地 1182 公顷，为国家生产了大批大豆、高粱、玉米，奉献了青春年华。到现在，这些人都已是古稀老人，进入暮年，有的已离开人世，长眠在异地他乡北大荒……

正在听介绍时，"庄"里的老人听说河北来客，纷纷从家里走出来，争先述说北大荒的历史。从告别父母姐妹离开家乡的那一幕，到开荒奋斗的泪水，再到丰收的喜悦，统统从心底讲述出来，而人人无怨无悔！多么好的河北老乡啊！在众多乡亲的拥促下，我参观了博物馆、家属区、共青农场牌楼等，并与之合影留念。

之后，我前往萝北县城。萝北位于黑龙江省东北部、小兴安岭南麓，与三江平原交汇；东北与俄罗斯隔河相望，是我国的边境口岸。萝北县以山得名，因境内有名山，在托萝山北，故名萝北。萝北口岸是国家一类口岸，是中俄边民贸易交流的通道。

萝北县城至萝北口岸不是太远。萝北口岸隔江相对的是俄罗斯阿穆尔捷特镇，是犹太自治州十月区的所在地。十月区面积 7000 平方公里，人口 4 万，其中镇内人口一万多，来我国做生意的多是这个镇的人。

名山岛风景区坐落在萝北口岸，北面可望俄罗斯阿穆尔捷特镇。步入这一总面积只有一平方公里的小岛，古木参天，植被茂密。岛上有瞭望塔、沙滩浴场、度假村、犹太人风情园、俄罗斯风情园、龙王庙等，吸引不少游客前来观光。

在萝北口岸，江边立有中国界碑。江边还建有"中俄人民世代友好广场"，三十多米高的广场立柱顶部有中俄两国人体高举火炬的塑像。写有

"萝北口岸"字体的两层口岸大楼设计新颖、宏伟高大。岸边建有贸易大厅和宾馆饭店,在交易大厅,三名俄罗斯妇女和一名男子接受采访,她们说:"边民交易成了职业,从中国拉走的商品在俄罗斯大受欢迎,特别是食品,每天经营额两万多元人民币。"在柜台边,我采访一位当地人,她说:"我爸爸是北大荒人,从内地来到这里,开荒种地奋斗了一生。我接了爸爸的班,在此经营粮食产品。"

萝北变了!北大荒变了!垦荒大军改写了萝北的历史。

中俄人民世代友好广场

黑河：勿忘国耻

　　黑龙江在咆哮！黑龙江在翻滚……

　　乌云密布，遮天盖日，黑压压的天空像是塌下来……

　　来到黑河市，顿感心情沉重起来，因为这里有一段极为屈辱的历史：沙俄强迫清政府订立不平等条约——《瑷珲条约》。这是我第二次来黑河，第一次来的印象仍很深刻。

　　黑河口岸竖立着五星红旗，岸边有"中俄边境"石碑。

● 瑷珲历史陈列馆

  曾经的爱辉镇已改成瑷珲镇，距黑河市 35 公里。作为一个爱国的中国公民来到黑河一定要去瑷珲看看，重温那段不寻常的沧桑史。

  来到瑷珲，我怀着极不平静的心情走进瑷珲博物馆。前边是一个历史遗迹塔楼，年代已久远，后边便是博物馆。随着人群拾级而上走进大厅，听取工作人员讲解：古城瑷珲是我国历史上割让领土最多的不平等条约中俄《瑷珲条约》的签约之地，是中华民族不畏强暴浴血反抗的历史见证。17 世纪以来，沙俄帝国在西伯利亚和远东地区贪婪地侵略扩张，在中国做出很大让步的《尼布楚条约》的基础上，又强行从中国版图上割占大片土地，并制造了一幕幕惨绝人寰的血案，仅江东六十四屯惨案就有 7000 名中国居民被杀，在世界上留下不堪回首的发人深省的一页。

在半景画馆，我观看了海兰泡惨案的全过程影像。

出博物馆右望一棵高大的松树，上书"见证树"，旁边碑文是一行黑体字："勿忘国耻，振兴中华"。

"勿忘国耻"，只是留在记忆中的瑷珲。

为了强化记忆，我从黑河口岸出发，乘坐轮渡穿过黑龙江到俄方布拉戈维申斯克考察，见证历史。布拉戈维申斯克是俄远东第三大城市阿穆尔州的首府，与我国黑河市只有一江之隔，两市之间的距离仅为750米。布拉戈维申斯克在俄语中是"向沙皇报喜"之意，它取代了我国曾用的名字"海兰泡"。

踏上黑龙江北岸，心情更加沉重，因为昔日这里曾是中华民族繁衍之地。我沿河岸而行，俄已把北岸开辟成旅游观光之地，其中有音乐厅、酒吧、儿童游乐园等。让中国人不能理解的是摆放在江边的一艘炮艇，炮筒指向黑龙江南岸的黑河，让中国游人拍照。作为中国人当然应该拒绝了，但目光中也确有中国人在炮艇前拍照留念，让人不可思议……

布拉戈维申斯克市街道绿化很美，但马路年久失修，坑坑洼洼。在参观州立博物馆时，馆内保存着中俄尼布楚、瑷珲和北京三个条约的文本。讲解员见中国人，她只是轻描淡写寥寥作了说明，之后主动离开。望着那三个不平等条约，心中十分不平但又不易爆发释放，感悟到：中国必须强大！

在胜利广场，我见到了列宁挥手的塑像，其对面是州府大楼和飘扬的俄罗斯国旗。我怀着崇敬的心情瞻仰这位伟大的十月革命创始人。当年列宁领导的苏维埃政府曾宣布"废除沙俄与中国签订的一切不平等条约"，但遗憾的是后来没能实现。

广场一侧，设有一水池，孩童们在此戏水打闹。

历史已过去，民间百姓无罪。近年来中俄两国建立了伙伴关系，尤其是贸易往来。在布拉戈维申斯克，我去了郊区农村采风。在一位65岁老太

● 列宁雕像

● 口岸上的俄罗斯人谈贸易交流

太的木屋中,喝茶、饮水、畅谈,她还到地里采摘了鲜嫩的黄瓜、西红柿供我品尝,她说:"我的父亲是中国人,母亲是俄罗斯人,生有三个孩子都在黑河做贸易,希望中俄世代友好下去。"

返回黑河的途中,心中总不是滋味,有一种压抑感,非常郁闷!非常屈辱!我想,作为一个中国人,不管是谁到了黑河,一定也会有这种感觉!

黑河,勿忘国耻!

漠河：去中国最北端的"北极村"

大兴安岭矗立在祖国北疆，层峦叠嶂，绵延千里。

穿林海，过雪原，伴着鄂伦春族民歌《高高的兴安岭》，向着漠河跋涉……

高高的兴安岭，

一片大森林，

森林里住着勇敢的鄂伦春……

"中国最北点"石碑

来到漠河县城,第一感觉是太阳太偏南了,天气变得太冷了。

漠河县是我国纬度最高的县份,处在大兴安岭北坡,黑龙江上游南端。如果回忆一下1987年5月6日那场森林大火,使漠河出了名,过火面积达一百多万亩,连县城都被大火吞噬,化为灰烬。为此,负有领导责任的时任林业部部长被免职。

走进新建的县城,可见三层白色的"大兴安岭五·六火灾纪念馆",警示后人增强忧患意识。馆内进门处有一放大了的"1987年5月6日台历",告诉后人永远不要忘记这个日子。馆内展出了火灾的现场照片、实物,还有抗击火灾的英雄人物,还展示了火灾前真正的大兴安岭林海雪原原貌图像。

在县城东部仅存的一片森林之中立有一块石碑"松苑记",记述1987年那场火灾情况。走进林中,可以体会没曾过的火森林的感觉。林间树木参天,茂密阴暗,鸟语花香。这里的每一棵树都有标识,上面写着生长年限和树的名字。

再向北去就是漠河县标志性建筑,即漠河北极广场上耸入云天的北极星,一展雄姿。站在这里,可俯瞰整个漠河县城。

走在漠河大街,石壁上、石碑上、旗杆上,到处可显"漠河"二字和北极的标识,把"漠河"和"北极"宣传得淋漓尽致。漠河还是个边境口岸,为国家批准的一类口岸,联检办公大楼设在漠河县城,而口岸边检站却在中俄边境洛古河一带。

在漠河县城区,还见到少数民族鄂伦春族,他们是专程来此地购买东西的。我与鄂伦春族人拉起家常,询问生活情况。一位年轻的鄂伦春族青年说:"现在靠打猎的历史已经结束,基本都定居下来,过上了丰衣足食的生活。"

告别漠河县城,我乘车北上,去83公里外的北极村和边防哨所采风。公路两旁依稀可见1987年过火痕迹,令人可惜、可恨。路上,我见一块木牌,上面的几行字让人震撼:

• 漠河县城

爷爷，您告诉我！那浩瀚的森林呢？那些矫捷的虎豹、凌空的苍鹰呢？

爸爸，您告诉我！那片绿茵茵的草地、遍地的牛羊哪里去了呢？我们的家园在哪里呢？

两行字说的那样入木三分，令过路者不得不驻足注视。

去北极村的路上，还有日军烧杀的遗址、胭脂沟、巨型林海观音、古黄金之路、雅克萨古战场、李金镛祠堂等。

为接受爱国主义教育，我特意观看了李金镛祠堂。祠堂坐北朝南，处在半山坡，门前一石碑介绍了李金镛的生平。

李金镛 1835 年出生于江苏无锡，27 岁时应试官员录用，在李鸿章的军队中任职，尽心务实，得到李鸿章的保举。后带领上千矿工抵达漠河，成立矿务局，为国开采金矿。期间，收复了俄方占据我国的金矿。由于他日理万机，百般辛苦，万事劳神，患病咳喘吐血。此时，他不顾身体仍带病与俄方会谈，不幸长辞。李金镛德在人心，功在边陲，得到清政府的赞赏，并颁旨在漠河建祠堂，以示恩宠。

攀山绕岭，穿越林海。骤然，前边出现一个牌楼，上面写着"北极村旅游风景区"字样，这说明北极村到了。从中国版图上看，这个村是"金鸡之冠"。村支部书记得知我是河北来客，很热情地接待，他说北极村有很多河北衡水人在此落户。

北极村真实的名字叫漠河村，后来人们将"北极村"取代了"漠河村"。

漠河村位居中国的最北端，长年寒冷如冬，夏季只有半个月，而且昼长夜短，白昼可达 19 小时以上。在这里可以看到一种神奇的横空出世的北极光，光彩超然的风采令人感叹。这是中国唯一能看到光耀无比、奇异瑰丽的北极光环的地方。所以，漠河村又称"不夜城"，又因偏远严寒，素有"中国北极城"之称。"白夜"和"北极光"是这里的两大奇景。村支书介绍说："在漠河村上空的北面，经常出现绚丽多彩的北极光奇景。北极光在北面天

• 北极人家

亮开始出现时,是一个由小到大、颜色变幻不定的光环,色彩臻至最灿烂绚丽时,光环慢慢东移,由大变小,逐渐消失。"

前行半里路,村口石壁上出现三个大红字:"北极村",山壁后边就是村街。沿街而行,只见一座座木屋房舍,别具特色,许多村民百姓在自家门口出售北极纪念品,招揽过客。

穿过村街北口就是黑龙江了,在江的南岸广场上立有一巨石,上面写着"神州北极",是游客照相的最佳之地。从这里西行是北极村的景点,沿路可见许多石刻、木牌和家庭旅馆,表述北极字样,诸如"北极人家""中国最北点""中国最北一家"等;还有什么"最北一店""最北邮局""最北界碑"的标识。最引人的一个标牌是"李大妈农家院",木牌上刻有北纬:53° 28′ 54.7″,东经:122° 21′ 28.9″,海拔:290米。这个农家院很出名,多名领导在此驻足过。为此,我也慕名而进,我看了房间、厨房、洗

• 农家院

手间,非常清洁,住一夜仅 50 元,而且管吃。

走出农家院,相对应的是一家豪华宾馆,坐落在黑龙江岸边,为木制二层。我走了进去,里面有歌厅、棋牌室,站在房间看着那滚滚黑龙江河水和一河之隔的俄罗斯村庄,思绪万千。中俄之间有多少恩恩怨怨,像黑龙江水一样流去了,它见证了中俄之间的历史。黑龙江发源于北极村西 82 公里处,那里已开发为风景区。

北极村最西端是一宽阔的广场,野花满地,芳草萋萋,中间开辟了一个"北望垭口广场",三根银灰色的铁柱像飞鸟一样直插蓝天,西侧是中俄边界界碑,北侧是黑龙江河流。

走向北极村村东,这里驻守着边防战士,营房前一尊哨兵石头塑像,

• 哨所战士介绍守边的故事

下方有杨尚昆题字"北陲哨兵",旁边是江边哨所岗楼。岗楼建得庄严挺拔,上面写着"北陲哨所,祖国利益高于一切"大字。在哨所大门口一名边防战士接受了我的采访,他说:"这里处在祖国的最北部,条件非常艰苦,特别是冬天,气温降到零下50度,但在这种情况下,我们仍坚守岗位,不离开岗哨半步!"

多么可敬的边防战士,为了祖国的安宁,哪怕天寒地冻,他们依然奉献在祖国北极。

• 北陲哨兵雕像

苍茫的内蒙古高原，一边是水草丰美的大草原，一边是风沙滚滚的大沙漠，托起中国北部内蒙古、甘肃段国境线，长度约4260公里。沿线有满洲里、阿尔山、二连浩特、巴彦淖尔、额济纳、马鬃山等城镇，分别与俄罗斯和蒙古接壤。草原、沙漠向您招手，请您跟随镜头，到满洲里去体验"亚欧第一大陆桥"的伟岸，去中国第四大淡水湖呼伦湖赏平湖秋月，去"草原英雄小姐妹"故乡看大草原，去阴山看五彩纷呈的岩画，去中国第三大沙漠巴丹吉林沙漠赏胡杨林……

02
第二章

内蒙古－甘肃段
内蒙古高原托起的国境线

02

满洲里：亚欧第一大陆桥的要冲

穿行在无边无垠的呼伦贝尔大草原，跋涉在源源流淌的额尔古纳河，飞奔在内蒙古自治区广阔莽莽的旷野花地。这里有白云、蓝天、绿草；牛群、雄鹰、毡房。帐篷中，飞出悦耳的歌声——

十五的月亮，
升上天空哟，
为什么旁边没有云彩……

这首《敖包相会》歌曲出自电影《草原上的人们》，而电影拍摄地就在内蒙古自治区呼伦贝尔巴彦呼硕敖包山上。当唱着这首悦耳动听、扣人心弦的歌曲穿行呼伦贝尔草原，一下子被那广阔的天云、无际的草原、灿烂的鲜花、棉花朵似的羊群，所吸引、所震撼、所痴迷。钻进草丛，尽情地看草、赏花，摆弄着多种姿势尽享大自然的恩赐。

呼伦贝尔草原西临蒙古和俄罗斯，东边是大兴安岭，东西 300 公里，南北 200 公里，是世界第四大草原之一，被称为世界上最美的草原，是最适合人类生存的一片绿色净土，是大自然馈赠给世人的天然氧吧，有"北国碧玉""牧草王国"之美誉。2005 年，呼伦贝尔被评为"中国最美的地方"。

游荡在纯净、没污染的绿色草原，真正感受到"天苍苍，野茫茫，风吹草低见牛羊"之美。注视着这一水草丰美的画卷，可回首先人的历史。

● 呼伦贝尔额尔古纳界河（秦虹 摄）

两千多年前,呼伦贝尔以富饶的草原养育了诸多牧民,匈奴、鲜卑、女真等曾在此地繁衍生息,这也是一代天骄成吉思汗先祖的发祥之地,创造了灿烂的游牧文化,留下了无比厚重的历史。

呼伦贝尔市的海拉尔区,处在大草原的中心位置,每到夏季旅游的人群很多,有时连住宿之地都不易找到,只能到乡下夜宿蒙古帐房。我对于市区并没有什么兴趣,而对市郊外的一处松树林兴致大增。在这里,我看到许多古树,千奇百怪,形态各异,在大草原上能够保存这么一大片古树林实属不易。原先,并不被人们重视和保护,市民及乡村百姓随意进去破坏,或挖土,或砍枝,森林遭到毁灭。后来,国家保护起来,现已成为公园,并列为旅游景区,供人们参观。

出海拉尔继续穿越呼伦贝尔大草原,来到呼伦湖。呼伦湖又称达赉湖,"呼伦"蒙语为"水獭"之意,与之相对应的南部还有个贝尔湖,呼伦贝尔得名于这两个湖,不过呼伦湖要比贝尔湖大得多。站在湖畔,只见碧绿湖面,白云飘浮,蓝天倒映,很有诗意。如若把岸边那尊"少女舞裙的雕像"作为衬托,那么湖水就显得更加美丽。

湖水北岸不远处就是满洲里,被誉为"北疆明珠"。它处在中、俄、蒙边界,独领中、俄、蒙三国风情,是我国最大的边境陆路口岸,也是中西文化交融的边境城市,素有"东亚之窗"的美称。

来到满洲里,满街都是俄罗斯人,两旁的木房、木屋很有特点。店铺摆满了俄罗斯货品,套娃、望远镜、皮衣、毛料比比皆是。我看到,俄罗斯人背着大包小包到各摊点送货,之后又提取中国的食品拉走。据悉,边贸富了边民。

"满洲里"原称"霍勒津布拉格",蒙语意为"旺盛的泉水"。1901年因铁路修建而得名"满洲里",是由俄语演化而来。满洲里是一座拥有百年历史的口岸城市,地处亚欧第一大陆桥的交通要冲,是我国通向俄罗斯和欧洲最便捷的联运大通道,承担着中俄60%以上的陆路运输任务。

● 满洲里之夜（秦虹 摄）

  在满洲里游看了套娃广场，这是我国唯一以俄罗斯传统工艺"套娃"为主体的休闲娱乐广场，主体建筑高30米的大"套娃"，是目前世界上最大的"套娃"建筑。"套娃"内部为俄式餐厅、演艺大厅，主"套娃"外围还有8个功能性"套娃"和200个代表全世界不同国家和地区的小"套娃"，设计流光溢彩，别具一格，仿佛将您带进一个童话世界。

  出满洲里市西行8公里，就是国门和界碑。满洲里国门呈"门"字型，庄严雄伟。国门顶部是个瞭望厅，站在此处可眺望中国的满洲里和俄罗斯的外贝加尔斯克市全景。在国门展厅，从照片中可见过去的旧国门。伴随着时代的发展，国门已更新过五次。

  国门不远处是41号界碑，这是1994年中俄两国勘界结束后立下的，界碑高1.2米、宽0.4米、厚0.25米，材质为花岗岩。

  从满洲里西行是俄罗斯的赤塔。我第一次来满洲里，去了赤塔。赤塔是俄罗斯的一个边境城市，建筑全是俄罗斯风格，尤为突出的是火车站、教堂和政府大楼。赤塔的地标是列宁广场，有一个写着"巴拿马"中国字样的酒店很火爆，不少俄罗斯人到这里品尝中国菜系。赤塔的街道很宽，也很整洁，但行人很少。这里还有十月革命广场、"二战"胜利公园、十二月党人博物馆。晚上，我观看了一场俄罗斯人的风情表演，一曲《莫斯科郊外的晚上》，把思绪带回过去……

• 新国门

赤塔入夜难眠，方才"郊外的晚上"慢慢变幻成《苏武牧羊》深沉而悲怆的歌吟，梦环萦绕——

苏武留胡节不辱，
雪地又冰天；
苦忍十九年，
渴饮雪，饥吞毡，
牧羊北海边……

这里曾是我国苏武牧羊走向中古代的北海即贝加尔湖之路，当年他牧羊望星空熬过了多少不眠之夜啊……
苏武，怎不让我回忆……
苏武，值得国人思索……

• 俄罗斯弹唱艺人

• 马拉木车

阿尔山：流淌在大兴安岭中的圣泉

从呼伦贝尔大草原南下，向着我国的边境小城大兴安岭中的阿尔山进发……

窗外，绵延千里的大兴安岭秀丽壮美，拥抱着秀美的阿尔山。

阿尔山坐落在较为平缓的山地，它的名字来自蒙古语的音译，全称为"哈伦阿尔山"，意为"热的圣泉"。

阿尔山位于内蒙古自治区兴安盟西北部与蒙古国相邻，横跨大兴安岭西南麓，于蒙古草原、锡林郭勒草原、科尔沁草原、呼伦贝尔草原四大草原交汇处，面积7408平方公里，人口6.8万，是全国最小的城市之一。然而，在这座小城市境地可以感受天池的千古之谜、三潭峡的激流勇进、石塘林的千奇百怪、杜鹃湖的婀娜多姿、天然温泉的神奇功效……

• 阿尔山天池

• 温泉群

  阿尔山喻为"热的圣泉"不无道理，因为它坐落在一个巨大的温泉群体中，如阿尔山温泉群、金江沟温泉群等，为世界上最大的温泉群，已在这里流淌了几个世纪。我从汽车站东行300米，展现在眼前的是一幅巨大的温泉画廊，南侧是阿尔山温泉群，这里有很多温泉，热泉、高热泉比比皆是，喷吐而出，十分壮观！

  市委办的同志介绍：阿尔山温泉群处在阿尔山断裂带上，经过长期地热作用涌出地面，形成温泉。阿尔山温泉的形成还在于这里有许多火山群，是中国境内的第七处活火山群。阿尔山市利用温泉的优势，开设了很多疗养院。

  行走在阿尔山疗养院的温泉群，南北长500米、东西宽70米的狭长地带分布着48眼温泉。当地利用温泉建设了温泉水浴、温泉度假村、温泉宾馆、温泉博物馆等，引来不少游客泡温泉、洗温泉澡，特别是有很多北京而来的知名人士。尤其在冬季，这里千里冰封，万里雪飘，在此泡温泉别有情趣。原国家副主席乌兰夫、罗瑞卿大将、科普作家高士其、著名歌唱家郭兰英等都曾在此疗养过。

出阿尔山疗养院温泉群，穿过市区北行 5 华里到达五里泉，著名的"阿尔山矿泉水"就取自该泉。站泉眼旁，只见一片浩大的川地上铺满厚厚的草毯，遍地的野花招来众多飞舞的蝴蝶，白云在蓝天和草原间移动，飘过旷野，飘到五里泉。五里泉东边是雄奇的大兴安岭主脉，三面而围的是花草湿地。在泉眼我顺手捧起清泉，透明、甘甜、清爽，没有任何污染。泉眼边，立有杨成武所题"圣水奇泉"的石碑，碑后是五里泉简介。

五里泉酝酿在深达两千米以下的地底，日涌量达 1054 吨，水温常年保持在 2～3 度。历史上有中国、苏联、日本等国的地质学家进行鉴定，泉水富含锶、锂等 13 种对人体有益元素，独具特色，是其他地区的矿泉水所无法比拟的。1998 年，国家饮用天然矿泉水技术评审委员会鉴定的结论：阿尔山矿泉水是目前国内罕见珍贵的矿泉水。阿尔山矿泉水曾荣获美国纽约国际轻工业博览会特别金奖，还被指定为第 26 届奥运会中国体育代表团的饮用品。喝着甘甜的泉水，望着那涌动的泉水、流淌的水源，想到这里的泉水会流向祖国各地，阿尔山也因此泉出了名，难怪老将军杨成武称五里泉为"天下奇泉，人间圣水"。

从五里泉东北行，穿百万亩人工林，让人感叹这里的树木如此健壮。据介绍，这里的森林覆盖率达 95%，空气中负离子含量非常高，难怪奥地利著名的滑雪专家奥匹兹称这里为"东方的瑞士"。

经过 70 公里跋涉，来到天池岭。我马不停蹄踏过 998 级台阶，登上海拔 1332 米高的阿尔山天池。神奇啊！大自然的杰作，一池清水像明镜一样深陷在山顶的绿树丛中，又像一颗晶莹的蓝宝石抛撒在茫茫松林中，镶嵌在峰峦之巅。一泓碧波，映衬蓝天白云，周边杂草萋萋、野花怒放、树木参天，感到十分惬意。据当地人介绍，阿尔山天池是火山喷发后积水形成的火山口湖，池长 450 米，宽 300 米，面积 13.5 公顷，是全国六大著名天池之一，仅次于长白山天池和天山天池，位居全国第三。

阿尔山天池坐落在林场，现已改为国家森林公园。林场工作人员介绍它的千古之谜:"天池水深莫测,曾将一根绳拴一石块放入水中,垂下三百多米仍没有探到池底。鱼在水中能否生存也说不准,林场工人曾撒过鱼苗,却没有生出鱼来,又把活着的大个儿鲫鱼投放,也没有见到死鱼漂浮水面。天池神奇,还在于久旱不涸、久雨不溢,水位不升不降。池周边既没有河流注入,又没有河道泄出,一泓池水却洁净无比,实为奇怪!"据称,阿尔山天池的形成距今有25万年,它是我国最具特色、最具代表性的火山遗迹,独特的自然景观构成了独特的画卷,很有欣赏价值。

离开阿尔山天池,我又走了三公里长的"三潭峡",感受水流的瞬息变幻和大珠小珠落玉盘之奇妙。曾有人吟诗:神奇清秀三潭峡,清水汩汩绕山崖,喷珠溅玉何处去?魂系遥遥东海家。"石塘林"是亚洲面积最大的火山熔岩地貌,千奇百怪。杜鹃湖是火山堰塞而成,每到春季,湖边杜鹃绚丽灿烂,非常神妙。

三潭峡

• 阿尔山口岸

阿尔山口岸是阿尔山市的一大亮点，界碑两侧分别立有"忠诚""使命"石碑。

界碑不远处是国门和中国阿尔山口岸，它与蒙古国东方省松贝尔口岸相对应，为国家二类口岸。站在国门前，眺望像哈达一样流淌在中蒙两国之间的努木尔根河，曲曲弯弯，飘动而去。河的这边，林木丛生，山峰峥嵘；河的那边则是丘陵连绵，芳草无涯。努木尔根河为中蒙界河，在此可以漂流，欣赏两岸秀美风光，体会刺激。河上新建一座口岸大桥，大桥长325米、宽12米。桥头写有"中蒙阿尔山松贝尔口岸大桥"。站在大桥上，可见一条由阿尔山至蒙古国乔巴山的铁路，这条铁路东连朝鲜、韩国，西进蒙古、俄罗斯直至欧洲的国际大通道，这是联合国规划的又一条新的亚欧大陆桥。

说到阿尔山的铁路，要追溯到日本侵华时期。当年侵华日军为了掠夺

• 阿尔山国门

• 第1382号界碑

这里的资源，加强控制南兴安地区特别是阿尔山林区的木材，修建了由白城经乌兰浩特到阿尔山的铁路，称之为白阿铁路。白阿铁路从1929年8月动工至1939年竣工，数以万计的中国劳工死于日军的刀枪之下，惨遭杀害。其中在修白阿铁路白狼西北10公里处的南兴安铁路隧道时，中国的一对双胞胎姐妹被日军惨杀。这对双胞胎是技术员，设计了双面施工，当全长3218米的隧道打通后误差仅有一尺时，还是遭到日军的谋杀。

我还特意赶到阿尔山火车站，它建造于1937年，是一幢典型的东洋风格的日本式建筑。看到这座日军所建火车站从站台伸出的铁轨，不由想到日本关东军残酷的法西斯统治，掠夺中国物资的惨景和杀害劳苦大众的场面，历历在目，血迹斑斑……

东乌：承载沧桑历史的"乌珠穆沁"

尘土飞扬……

车轮滚滚……

我是从阿尔山启程西南行的，过军马场、乌拉盖，向着东乌旗（县）行驶……

沿途，穿越海拔1305米的兴安岭平杠峰、乌拉盖尔河、乌拉盖高壁湖……

窗外，一片片绿油油的大草原、一阵阵扑鼻的花香、一群群奔驰的宝马、一朵朵白云似的山羊……

面对无边无际的草地，我想起了一首草原名诗——

敕勒川，
阴山下，
天似穹庐，
笼盖四野。

下午晚些时候，到达东乌旗境内。

东乌旗全称为东乌珠穆沁旗，"旗"是内蒙古自治区的行政区划单位，"旗"即为县。"乌珠穆沁"蒙语意为"葡萄山的人"。东乌旗的满都宝力格是著名的小说《狼图腾》故事发生地。

东乌旗南临锡林浩特市，北与蒙古国交界，国境线长526.6公里，全旗海拔800～1500米。

为什么东乌旗称"东乌珠穆沁旗"？下车后，我首先就这个问题咨询了旗广播电视台的同人。据介绍，这里还有一个"西乌珠穆沁旗"。"乌珠穆沁"的名称来源于乌珠穆沁大草原，这里水草丰美，是个"风吹草低见牛羊"的地方，养育的羊肥马壮，尤其是乌珠穆沁马是蒙古马的优秀品种，声名显赫。历史上，曹操胯下的宝马是乌珠穆沁马；唐太宗六匹神驹也是乌珠穆沁马；当年成吉思汗统率的剽悍"怯薛军"乘的良骥全都是乌珠穆沁马。而乌珠穆沁羊同样驰名中外。乌珠穆沁羊尾大肉多，味道鲜美，一直是内蒙古出口世界上众多阿拉伯国家的主要肉用羊，也是北京东来顺涮羊肉的主要来源地。

旗政府所在地乌里雅斯太镇，是一个非常平坦的地带，宽敞的道路、笔直的街道、洁净的建筑，令人心驰神往。尤其是广场上的骏马雕像，活灵活现，栩栩如生，显示这就是闻名的乌珠穆沁马。据介绍，这里通向口岸的距离为68公里。

"乌里雅斯太"蒙语意为"杨树"。清乾隆称"喇嘛库伦"，自古以来是中外驰名的亚洲三大库伦庙之一。"库伦"蒙语意为"寺庙院墙"。

在当地广播电视台同事的陪同下，我参观了喇嘛库伦庙。

该庙又称"施集庙"。一眼望去，这是一组宏伟的建筑，那枣红色的墙体、宽敞的院落、高大的瓦房，仿佛有北京故宫的建筑味道。

行走在通向主殿的大道上，工作人员介绍说："喇嘛库伦庙始建于1781年，距今已有两百多年的历史。建寺庙者为罗布宫其格拉活佛。当初始建寺

库伦庙

● 珠恩嘎达布其口岸

庙时，先在四周垒筑库伦，即寺庙围墙，里面设置了几座蒙古包。众僧在蒙古包内集合诵经，鼎盛时期喇嘛 1600 名，由此而得名喇嘛库伦。"

参观喇嘛库伦庙之后，我又驱车半个小时，来到珠恩嘎达布其口岸。口岸建设的雄伟壮观，正面写有"中华人民共和国"七个大红字。

口岸警务人员介绍，这个地方历史上称为"蒙马处"，是中蒙两国边民通商的要道。1992 年被国务院批准为国家一类口岸，并确定为国际性常年开放口岸。

在贸易交流大厅，一位工作人员接受采访时说："这里是通向蒙古国的重要窗口，相对蒙古国的苏赫巴托省，两国货物交易量很大，仅蒙古国一年入境货物约十万多吨。此地也是一个旅游的好去处，口岸曾举办过世界汽车锦标拉力赛。"

• 通向口岸的地标

口岸旁边是中蒙边境第1046号界碑。一位战士在此守护，他说："能够为祖国站岗，我感到特别荣幸！"

东乌旗，尽管这个旗县有些人不太熟悉，但有很多看点。我还去了母亲湖"额吉淖尔"、宝格达山森林公园、乃林郭勒景点、白音敖包旅游区等。

晚上，回到驻地，我在一处内蒙古族人房内做客，户主介绍："在口岸建设之前，这里是一片非常荒凉的土地，自从口岸开通后，这里的人们大多从事贸易交流，可以说口岸富了我们的蒙古族家庭。"

当我问到户主的部族时，他说："我是乌珠穆沁部族，我们的祖先是维拉特人，'维拉特'蒙语为'林中的百姓'，13世纪初，在新疆北部境内外的乌珠穆沁等靠采集野生葡萄维持生活，后来成为蒙古族的一个分支，从事游牧，仍沿用了'乌珠穆沁'的称呼。"

晚饭非常丰富，有羊汤、羊肉、羊头，几乎是一顿全羊大餐。当然，是"乌珠穆沁羊"了！饭间，户主的一曲《草原上升起不落的太阳》把气氛推向高潮，尤其是户主敬献的哈达，令人感动，让人开怀……

• 乌珠穆沁大草原

二连浩特：通向蒙古国的铁路通道

内蒙古高原圹垠辽阔，锡林郭勒草原广袤深远……

跋涉在锡林郭勒大草原，过元上都遗址，开始还是绿意盎然，但走了一段路程，草场开始沙化，土地开始裸露，越走植被越少，越走越加荒芜，到后来竟成了遍地荒沙，茫茫戈壁，满目苍凉。车快行到二连浩特时，公路两侧出现很多恐龙雕像，形态各异，迎接来客。据悉，二连浩特是"恐龙之乡"。

徜徉在二连浩特美丽的边境城市，街道纵横交错，高楼大厦林立，绿树花草陪伴。"二连"在蒙语中是"沙漠中屡见不鲜的奇妙幻境"之意，有海市蜃楼之美誉。

去二连浩特途中的恐龙雕像

• 二连浩特国门

    历史上二连浩特曾是渺无人烟、芳草萋萋的大草原。1956年开通经蒙古到苏联的铁路后开设二连浩特镇。1966年设县级市，自此这个城市边贸大增，开始焕发生机。

    在城郊，我看了恐龙地质公园，这是二连浩特最有看点的地方。公园为一个硕大的深坑，巨大的恐龙群出土就是从这里开挖的。据讲解员介绍："这里是额仁诺尔盐池一带，是内蒙古最早载入国际古生物史册的恐龙化石产地。早在7000万年前，这里遍布湖泊沼泽，气候湿热，森林茂密，是恐龙生息繁衍之地。从20世纪90年代起，先后有俄、美、加等国外考古学家在此进行6次大型考察和挖掘，陆续发现十多种恐龙化石，有完整的大量恐龙骨骼化石出土，其中恐龙蛋化石的发现在世界上尚属首次，从而证

● 分界线

实了恐龙是卵生爬行动物,震惊了世界。因此,二连浩特被世界考古学家誉为'恐龙之乡'。"

地址公园西行是二连浩特口岸。这里北京来客很多,因为这里是全国口岸中距北京最近的,只有一天行程即可到达。站在口岸,只见满载煤炭的火车从蒙古一侧呼啸而来,满载食品的车皮不断掠过而去。这是我国通向蒙古国的铁路口岸,运货能力达350万吨。

之后,来到界碑前,边防战士介绍:"中蒙边界长四千多公里,这里位于中段,每天到这里参观界碑的人数过百。"

上一次在二连浩特口岸,我去了蒙古国的边境城市扎门乌德市,两市距离为9公里。

• 守护第815号界碑的边防战士

扎门乌德市区像是一个质朴的村庄，只有火车站售票大厅还显示出一点点现代的气息，但与站前广场很不相符。广场粪便满地，牛羊自由奔跑，蒙古族少年不断向游客伸手要钱。大街上，几家饭店、超市破烂不堪，货品很便宜。市区内的苏和巴托纪念碑建造的还算可以，几名蒙古族老人来此瞻仰，双手合十。

• 蒙古地界的扎门乌德火车站

• 穿着盛装的蒙古族人

达茂:"草原英雄小姐妹"故乡

汽车在草原上飞驰……
司机不断播放《草原英雄小姐妹》歌曲——

天上闪烁的星星多呀星星多,
不如我们草原的羊儿多。
天边飘浮的云彩白呀云彩白,
不如我们草原的羊绒白……

行驶在内蒙古大草原

● 敖包塔

我是从二连浩特口岸启程的,沿边境线去达茂旗(县)的满都拉口岸。从地图上看,两个口岸之间大约190公里路程。

汽车出二连浩特一路西行,首先到达艾勒,然后南下土格尔庙,继续前行……

行进在草原,我每到一处,每进一幢帐房,当地人总是谈论草原英雄小姐妹的事迹……

当汽车穿过白音花镇,很快到了达茂旗的百灵庙镇。

达茂旗全称为"达尔罕茂明安联合旗",这是包头市唯一的边境旗县,国境线长88.6公里。

站在旗政府所在地百灵庙镇,一排现代化建筑:街心雕像,特色鲜明……

在此，我爬到城中心的女儿山顶，参观了"百灵庙抗日武装暴动纪念碑"。百灵庙抗日武装暴动是中国人民抗日战争中的壮举，打响了内蒙古民族武装抗日的第一枪，它不仅打击了日寇的侵略气焰，推迟了侵略者的西进日程，也表明了蒙古族人民反对日本帝国主义侵略，争取民族独立与解放的决心。

陪我采访的鲁建军介绍说，达尔罕意为"神圣不可侵犯"，茂明安意为"千户部落"。

在百灵庙镇，我有幸参观了当地的博物馆。这里收藏了《草原英雄小姐妹》的图书。

这里是20世纪60年代的"草原英雄小姐妹"事迹发生地。讲解员向我讲述了当时的实际情况，她说："那是1964年2月9日早晨，天上飘着雪花，11岁的龙梅和9岁的玉荣出门放羊。中午时刻，天空骤变，北风肆

• 抗战纪念碑

· 博物馆收藏的《草原英雄小姐妹》图书封面

虐,大雪纷飞。羊群顺风雪逃窜,姐妹俩只好跟着羊群奔跑,因精疲力尽,姐妹俩困在冰天雪地,生命危在旦夕……后经一场大抢救,两人终于得救!"

介绍完后又接着说:"姐妹俩曾当选为全国人大第四、五届代表,玉荣曾是团十一、十二大代表,中国残联一、二、三届代表,还获得全国扶残助残先进个人、自强模范称号。"

行走在达尔罕茂明安联合旗,得知这里有很多名胜古迹,其中有希拉穆仁草原、敖伦苏木古城遗址、乌兰察布岩画、康熙营盘、汉长城、北魏长城、金堑壕遗址等历史遗迹。

百灵庙始建于康熙四十二年,即公元1702年。该庙系达尔罕贝勒庙的转音,亦称乌力吉套海即吉祥湾召庙群。庙宇为5座大殿、多顶佛塔和藏式结构的院落。清康熙皇帝御赐"广福寺"牌匾悬挂于大佛殿正门上方,非常之显眼。

离开旗政府白灵庙镇,继续北行。车行124公里,经过一个很有特色的蒙古包,我特意爬上去参观。原来,这是蒙古族举行大型活动的地方。

前边就是满都拉镇。这是一个很小的边境小镇,在此简单浏览了一下,继续北上。汽车大约又行进近20公里,到达满都拉口岸。

这是一座很漂亮的口岸建筑,顶端是个蓝色的半圆球,下面写着"中国满都拉",庄重、大方、素气。但是,因为疫情关闭。后来,我亮出采访证件,才允许拍照。

这是国家二类口岸,是呼、包二市到乌兰巴托最近的口岸,其对应的

• 去百灵庙内了解历史

• 空空荡荡的满都拉口岸疫情期间大门紧闭

• 国门

是蒙古国东戈登省抗吉口岸。这个口岸年进出货物量十万多吨，出入境人数十万多人次。

离开口岸，我又到达中蒙边境的757界碑处。界碑肃立，迎着飞沙，顶着大风，两名战士在这里守护。当我面对一位年轻的边防战士时，现场采访了他——

问："您在这里寂寞吗？"

答："不！很充实！因为我在为祖国站岗！"

问："请您谈一件最危险的事？"

答："有一天风雪弥漫，风卷着雪，雪卷着风，大风把我从雪地里吹走了两百多米……"

问："请您说一件最难忘的事？"

答："有一次，蒙古那边有一名放羊的孩子迷了路，误走到了我们这边，我费了很多周折才把他送出边界！"

回首满都拉，好一个现代化口岸！

离开达茂旗，难忘草原英雄小姐妹！

巴彦淖尔：
河套文化·阴山岩刻·甘其毛都

奔腾的黄河流水……

起伏的阴山山脉……

我乘火车一路西行，到达巴彦淖尔首府临河。

蒙语中"富饶"为"巴彦"、"湖泊"为"淖尔"，为此蒙语"巴彦淖尔"意为"富饶的湖泊"，边境线长369公里。境内有阴山山脉、黄河河套、众多的湖泊、著名的淡水湖——乌梁素海。

•水轮

河套文化

巴彦淖尔,别名河套,史称"黄河百害,唯富河套"。文人墨客所称道的"塞上江南"即指河套。可见"河套"在这一区域的重要性,尤其是河套文化。

巴彦淖尔在远古时期就有人类居住,游牧民经历了夏、商、周、秦、汉等时期,其中大片区域原为成吉思汗的弟弟哈布图哈萨尔的十五世孙布尔海所统领。悠久的历史创造了古文化、古文明。

这里,是河套文化的摇篮……

这里,是河套文明的发源地……

我来到位于临河区的黄河河套文化旅游区门前广场。

我站在门前,细细看了景区介绍:此地为国家4A级旅游景区,为内蒙古自治区15个重点旅游景区之一、中国黄河50景之一。

走进景区,我先后去文博中心、蒙古大营、塞上明珠广场、黄河广场、黄河水利文化博物馆、水韵阁、黄河观凌塔、镜湖等地,看到展示了几千年来的黄河文化。

当我来到河边的"旋转水轮"前,十分惊叹!这是景区的标识,它显示了黄河的古老,展示了河套的历史,又含蓄着生活的源泉源源不断。在黄河广场,我采访了一位姓张的老者——

问:"这个地方在黄河的位置?"

答:"黄河流域上中游,黄河'几'字弯顶端,有'二黄河'的称呼。"

问:"何为二黄河?"

答:"二黄河是人工开挖的黄河灌区水道,它是我国的三大灌区之一,有两千多年的历史,也是我国极为宝贵的水利文化遗产。河套文化旅游区是以'二黄河'为中轴进行设计的开放式景点。"

问:"为什么打造河套文化?"

答:"黄河流域是中华文明最主要的发源地,是中华民族的'母亲河',巴彦淖尔境内河套灌区是亚洲最大的自流灌干渠,全长230公里,是巴彦淖尔人民的另一条'母亲河'。精心打造河套文化,是当地政府的用意。"

阴山岩刻

阴山岩刻,又称阴山岩画,是河套文化的重要元素,是世界上最早、最大的岩画群之一。而阴山岩画在乌中旗分布最多,我决定去乌中踏访。

车轮穿行在茫茫的草地……

看吧!这就是闻名中外的乌拉特大草原……

赏吧!这是真正的"天苍苍,野茫茫,风吹草低见牛羊"的地方……

汽车离开临河区东北行161公里,到达乌拉特中旗政府所在地海流图镇。

看上去,海流图镇也是一个非常漂亮的镇子,街道横平竖直,楼体一

• 阴山岩画

字排开。

乌拉特中旗又称"乌中旗",是一个边境旗县。

乌拉特中旗境内旅游资源丰富,有阴山岩画、秦长城、千年古榆沟、爬柏沟、恐龙化石群等遗址遗迹,特别是阴山岩画,很值得一去。我有幸登上勃日和山,走进阴山岩画群。

站在岩画前,看到的图案有山羊、骆驼、麋鹿、虎、狼等,岩画是打凿的,画面清晰。据介绍,阴山岩画在巴彦淖尔市分布很广,共有56个岩刻群,其中较密集的分布区19处,有岩画5万余幅,总数居世界之首,被誉为"千里画廊",其中乌中旗最集中。

历史上,北魏地理学家郦道元记述阴山有"破石之文""鹿马之迹"。

我行走在长约两公里的岩画画廊中,看到每幅画面保存得很好,有的还有标记,这是我国古代北方游牧民族突厥、党项部落的文化遗存。

阴山岩画的内容广泛,动物画最多,其次还有人物、天体、神灵、祭祀、舞蹈、征战、毡房、衣、食、住、行等,令人不解的是还有生殖方面的内容,祈求早生、快生、多生,显示人们对繁衍后代和对生命的追寻。

在众多岩画中,"太阳神岩画"很神秘,刻在一块数吨重的巨石上,长136厘米,宽130厘米。据向导说:"这幅岩画表现了人格化的太阳神与周围的许多星星,寓意对太阳的崇拜。"

此时,我想起作家冯骥才的话:"无论是希腊人、埃及人、巴比伦人,还是中国人,在初始时期,都把文化刻在石头上,这些深深刻在石头上的画像,顽强地表达着人类对生命永恒的追求……"

甘其毛都

车行133公里,到达甘其毛都镇。"甘其毛都"蒙语意为"一棵树"。

镇前马路旁屹立着一座高大的白色钟塔,下面写着"甘其毛都欢迎您",

● 界碑

● 钟塔

对面既似一根根高香又好像一棵棵树木一样金色群雕，独具民族特色！该镇建造得整洁干净，尤为突出的建筑是镇政府大楼，富丽堂皇。甘其毛都口岸为国家一类口岸，边境线长188.4公里，与蒙古国南戈壁省汉博格德县嘎顺苏海图口岸相对应，两口岸相距约12.8公里。

甘其毛都口岸附近地势开阔，交通运输条件良好，公路直通口岸。国门建筑为拱形，像一口巨锅扣在楼顶，高大、伟岸，巍然屹立，令人肃然起敬。旁边写着："甘其毛都口岸"六个大字。

口岸工作人员张婷女士向我介绍："每年夏季，到口岸进行贸易交流和观光旅游的客人云集，人来人往十分繁华，年接待商人和游客七万多人次。"

在口岸东边不远处，还有一片由国家划围的蒙古野驴"野生动物自然保护区"，成为吸引游人的一道美丽的风景线。傍晚，漫步甘其毛都，这里有很多蒙古族人开的店铺、商场，其中有不少歌舞表演。

● 蒙古族人的歌舞弹唱

额济纳：策克·居延·黑城·怪树

车窗外，莽莽的腾格里沙漠，茫茫的巴丹吉林沙漠……

公路边，一座接一座的沙山，一个挨一个的山丘，一片连一片的沙海……

进入内蒙古阿拉善盟左旗首府巴彦浩特镇，北行乌力吉苏木上312国道，再西行过苏多图，最后到达额济纳旗首府达来呼布镇，全程约700公里，期间穿越戈壁、沙漠、险滩，一片荒芜，直到尽头才见到大片大片的胡杨林，回归到绿色的大自然怀抱，从精神上得到补偿。

策克口岸

额济纳旗因额济纳河而得名，发源于祁连雪山，上游称黑河、弱河，入旗后叫额济纳河。额济纳，蒙语为"幽隐与沙漠""先祖之地"之意。额济纳旗位于内蒙古自治区最西端，西南与甘肃相邻，北与蒙古国接壤，国境线五百多公里，是以蒙古族为主体的少数民族边境地区，面积达11万平方公里，比一个江苏省还大，相当于古巴全国的面积，它是我国面积最大的边境县，而人口只有两万。

额济纳旗历史悠久。夏、商、周时属乌孙，先秦时为大月氏领地，西汉初年为匈奴牧地。西汉元狩二年即公元前121年，骠骑将军霍去病入居延收河西，"居延"二字匈奴语意为"天"。唐代曾设安北都护府。公元1753年清政府设额济纳镇。茫茫戈壁大漠中的额济纳尚有这么久远的历史，它造就了闻名遐迩的汉代居延、西夏黑城和千年不死的胡杨林。

额济纳旗，历史上的霍去病、马可·波罗到过。特别是著名新闻记者范长江的西北之行，他在这里采访踏行，写下了鸿篇巨著。

在旗电视台人员带领下，我前往62公里外与蒙古国交界的策克口岸，路上全是苍茫的一毛不拔的戈壁滩，与公路并行的是一条新修的铁路。据陪同采访的人员介绍："这条铁路出资民营，一直修到口岸，主要是运输煤炭，我国许多商家在蒙古境地开矿挖煤，那里的煤非常便宜，利润很大，为此他们用盈利的资金修筑了铁路，以减轻运输压力。"

策克口岸快到了，前面出现了很多囤积商品的场地，给这个口岸增加了活力。"策克"系蒙古族土尔扈特部族的方言，意为"河湾"。这里历史上就是商贾云集之地，特别是清末民初更是"商号林立，货堆如山，驼队衔接不绝于途"。据董正钧《居延海》书载："商业极盛时，全旗共有大商支号四十余家，小商支号二百余家，连居民共三百户。"随着行进，一座新颖的且有蒙古族特色的口岸建筑耸立在眼前，两名边防战士死死把守，检查出入证件。我上前盘问，听取介绍，策克口岸是我国第七大陆路口岸，进口产品主要是原煤和畜产品，出口产品为建材和日用品。对面蒙古国的

• 茫茫的居延海

口岸为西伯库伦口岸，口岸的开设方便了两国贸易通商和开发。蒙古国南端的南戈壁省是蒙古国煤矿资源最丰富的地区，而且多是露天矿。

　　离开策克口岸返程时，恰好绕道东去居延海考察。东行半个小时，大漠中突现一片碧水，烟波浩渺，袅袅雾气，一望无际，这就是蜚声中外的居延海。穿过一人多高的芦苇荡，看到一巨型标牌，上面写着十个大红字：小小居延海连着中南海。据介绍，居延海历史上曾经是中国西部很大的内陆淡水湖，是黑河下游的终端湖，它的面积曾达到2600平方公里，被誉为大漠中的明珠。早年，苏武牧羊曾放歌此地，老子、庄子也曾来过这里，唐代诗人王维在这儿写下"单车欲问边，属国过居延……大漠孤烟直，长河落日圆"脍炙人口、绝妙不朽的名句。

　　荡漾在碧水中，体验大漠明珠的味道，深感惬意。但在兴奋之中，也听到不愉快的消息。船工说："由于生态环境的破坏，致使居延海先后干涸6次，致使居延海演化为西北地区重要的沙尘暴发源地，直接影响到华北、东北、京津地区。经过多年的努力，居延海水面已达到37平方公里，初次呈现'塞外江南'的景色。"

怪树、残树、枯树，一片悲凉……

• 黑城仅存的土塔在野风中悲鸣……

  黑城历史遗迹更显额济纳的沧桑。当我赶到黑城又是一番景象：凄凉、荒芜、惨烈。那城墙已是残垣断壁，街道已荡然无存，房屋已全部倒塌，呈现在眼前的是一片狼藉……

  "黑城"蒙古族语意为"哈拉浩特"，"哈拉"为"黑"、"浩特"为"城"，处在弱水河东岸，初建于西汉时期，西夏王朝曾在此设置"黑山威福军司"，元朝设"亦集乃路总管府"。黑城是西夏重要的边防要塞，是元代河西走廊通往岭北的驿站。黑城东西长470米，南北宽384米，总面积18万多平方米。站在残断的城墙眺望，最有看点的是城墙西北角上的佛塔，是整个黑城的标志。相对应的西南角则是圆顶清真寺，佛教与伊斯兰教同出自一个城，较为少见。据工作人员介绍，黑城的覆灭同样来自恶劣生态环境的破坏和掩埋。行走在破烂不堪的乱石渣砾中，让人产生不尽的遐想……

  生态环境的破坏，何止一个黑城呢？从黑城遗址驱车西北行半个小时，来到胡杨怪树林。额济纳是世界上仅存的三大原始胡杨林之一,其中怪树林距达来呼布镇 28 公里。走进怪树林,一种悲壮感油然而生,这里是胡杨的坟墓,遍地满野的胡杨"尸体"横七竖八,惨死在大漠戈壁中。看上去,有的破肠开肚,有的削头断臂,有的躯体躺卧,有的呻吟嚎叫。千疮百孔,遍体鳞伤,无一存活,这就是"生千年不死,死千年不倒,倒千年不朽"的胡杨。在此,我想起了清代诗人宋伯鲁的《胡桐行》诗:

矫如龙蛇欻变化,蹲如熊虎踞高岗。
嬉如神狐掉九尾,狞如药叉牙爪张。

触景生情,借题发挥,我们呼吁:保护生态环境吧!树木,是这样;人类,也是这样!地球只有一个,下场是相同的!因为大自然是无情的……

无际的戈壁,广阔的沙砾,无垠的沙滩,荒无人烟的大漠,又是航天发射的有利地形。为此,我国的航天城即卫星发射基地就设在这里,名为酒泉卫星发射中心。

在这里,1960 年首先成功发射了中国第一枚导弹;1970 年,首次发射了中国第一颗人造地球卫星;1980 年,首次发射了中国第一个运载火箭;1999 年,首次发射了我国第一艘航天飞船……

眺望东风航天城,心中悠然产生一股热流:中国强大了!

生命的抗争……

马鬃山：甘肃唯一的边境口岸

大漠孤烟直，长河落日圆。

大漠中的太阳，非常孤独，又非常耀眼和灿烂。

经过长途跋涉，穿过黑色戈壁、沙石，终于看到了公路旁的标牌"马鬃山镇"四个字。

马鬃山镇新落成的街心地标更加突出了三羊雕刻

马鬃山镇归属甘肃省酒泉市肃北蒙古族自治县。有别的是，马鬃山镇和一般县辖镇不一样，而是远离县府所在地域，切割成为一块"飞地"，北接蒙古国，西靠新疆，东邻内蒙古，为副县级镇。因为境内有黑山山系，山峦起伏，落差平均，远远看去，形似马鬃而得名。

到达马鬃山镇才知晓，镇政府所在地并不叫马鬃山，而叫公婆泉，酒泉每天有一趟长途汽车发往公婆泉。"公婆泉"意为"两泉相挨"，"大"为"公泉"，"小"为"婆泉"，两泉曾是当地百姓生活用水之地。

行走在笔直的大街上，两旁除十几栋楼房外，多是平房，设有多家饭店、旅馆、门市；两条南北、东西大街，长度都超不过300米。街心十字路口为镇文化广场，立有"三只羊"的雕像，领头羊叫"北山羊"，雕塑十分逼真，其他两只紧靠身边，活灵活现，碑座上用蒙、汉文字写着"三羊城"和"和泰荣兴"，这应该是马鬃山镇最明显的地标了。雕像旁边，一群蒙古族人举旗唱歌，衣着很有特色。

另一处显眼的建筑是"国门学校"，为一幢四层高的楼，建造的非常漂亮。马鬃山镇很大，总面积约为3.4万平方公里，是全国最大的乡之一，相当于半个江苏省大，辖有6个行政村，常住人口约5000人。学校生源除镇上的居民之外，大多为周边的农村和企业，有的开车送孩子要花上两到三个小时。

马鬃山镇政府的建筑也很气派，一位副镇长在接受采访时介绍，马鬃山镇就甘肃省来说是个遥远的地方，坐落在黑戈壁深处与蒙古国接壤，人迹罕至，荒芜苍凉，夏季地表温度高达60摄氏度，冬季温度低到零下40摄氏度。然而，境内蕴藏着丰富的矿产资源，有金、银、铜、铁、钨、锰等矿床128处，其中黄金、煤和铁的储量非常丰厚。这里有三十多家采矿企业，分布在戈壁沙滩。为了给企业职工和牧民创造一个好的环境，镇上设立医院、学校、邮电局、电视台、气象站、交易市场、粮站、加油站等。在这个边境小镇，足不出户，可以得到生活保障。

• 去马鬃山的路上一片荒凉

• 界碑

　　在马鬃山,我有幸参观了"甘肃省肃北县公婆泉恐龙地质公园"。地质公园里面有许多鱼化石和恐龙化石,这足以说明这些动物曾经在此繁衍生息;还有众多的硅化木化石,也说明这里曾是树木参天,遮天蔽日,充分证明这里曾经是原始森林,否则为什么这里有那么多煤资源呢?

　　马鬃山镇有很多令人折服的胡杨林,千奇百怪……

马鬃山镇与蒙古国有 65.017 公里长的边境线,与蒙古国的戈壁阿尔春省相连,这是中国所有边境省份中最短的一条边境线。1992 年 10 月,经国务院批准在马鬃山镇设置口岸,修建国门、联检大厅,这也是甘肃省唯一的边境口岸。当我来到这里时,只见国门巍然屹立,雄伟壮观,上面写着"中华人民共和国"七个大字。在边界,有一个当地人介绍说:"这里历史上就是交易的场所,明末清初,这里的百姓利用驼队架上丝帛、茶叶等经桥湾走到公婆泉休憩,再行至那然色布斯台与那里的百姓进行商贸交流,通商路线已久。"

在边境线我来到界碑前,旁边有边防战士把守。战士接受采访时说:"这里条件非常艰苦,一年四季刮大风,可以领略什么叫飞沙走石。吃水要到上百公里以外去拉,且含氟量高,长时间饮用牙黄、头发脱落。但在这里守卫祖国感觉很充实。"小战士年仅 20 岁,他的双眼注视着远方的戈壁、沙梁。透过他的眼神,流露出他的刚毅、坚强和胆量……战士讲完后说:"我写了一首诗,你听听吧!"说完开念——

铺着戈壁滩,枕着马鬃山,
扛枪保祖国,战士一身胆。

● 马鬃山口岸国门

如果中国轮廓像个雄鸡,那么鸡尾就是新疆。国境线位于中国西北部,长约5600公里。沿线穿越阿尔泰山、天山、帕米尔高原、喀喇昆仑山,经过哈密、富蕴、阿勒泰、阿拉山口、伊宁、喀什、塔什库尔干等,相邻蒙古、俄罗斯、哈萨克斯坦、吉尔吉斯斯坦、塔吉克斯坦、阿富汗、巴基斯坦、印度。西域,古"丝绸之路"拥有瑞士一样的喀斯特地貌、世界内陆最低处艾丁湖、"中国西部第一村""冰山之父"慕士塔格峰、世界上海拔最高的雪山哨所神仙湾,还有神木园、香妃园、艾提尕尔清真寺、大巴扎……

03
第三章

新疆段
天山南北漫长的西陲边关

哈密：老爷庙·鸣沙山·魔鬼城

出甘肃，一路西行，进入新疆地界。

新疆为中国大西北的一个边疆区域，而哈密是进入新疆的第一站，也是通向新疆的要道，自古就是"丝绸之路"的咽喉，有"西域襟喉，中华拱卫"和"新疆门户"之称。

哈密这个边境地区看点很多，有哈密瓜、魔鬼城、回王府、鸣沙山、老爷庙口岸等。

沿途马场

老爷庙

凌晨5点我从哈密市启程去老爷庙口岸。口岸位于巴里坤县三塘湖镇境内，距哈密市308公里。

汽车出市区后朝西北方向行驶。窗外黑乎乎的，什么也看不到。司机兼向导李莉女士说："本来，汽车应该走天山顶上的一条公路，因为下雪，封路了。"

当快到奎苏镇时，天已放亮，公路左边的雪山在晨光中煞是好看。

公路右边是红山农场，大片肥沃的田野，牛羊点缀成一幅美丽的画卷！

巴里坤县城到了。穿过"全国重点文物保护单位"古城遗址后，我们在装饰漂亮的大牌楼"巴里坤美食街"进食早餐。

巴里坤系突厥语"虎湖"之意，因巴里坤湖而得名；蒙古语为"巴尔库勒"的谐音，意为"虎前爪"，有地势险要之说。境内中蒙边界线长309公里。

出县城后，汽车北行偏东，道路时好时坏，当过边境检查站后，很多路段在修复，沙尘四起。

经过长途跋涉，来到了三塘湖境内的老口岸，墙体上还能显示出"中华人民共和国老爷庙口岸"的字样，但房子已经破烂不堪，现已改成一个饭店。在此我们稍逗留了一会儿，继续前进。

汽车穿行道树林经过三塘湖镇政府、坑塘、"老爷庙"遗址。老爷庙名气很大，是一座很久远的古庙，大约有一千多年的历史。

大约又行驶半个小时，进入边境控制区，沿路我出示了有关采访证件，闯过三道关后到达边境线岗亭，但被边防人员截住，因为疫情期间，这里已经封关，任何人不许出入。

• 去老爷庙口岸途中

• 雪山脚下的巴里坤县城

• 新建老爷庙口岸

　　我站在荒凉的野地，用力眺望远处新建的老爷庙口岸。这时，我的用心感动了检查站一位执勤人员。他叫才文，是库尔勒人。见我急切拍照的样子，于是他主动走近口岸帮我拍摄，替我拍了一张国门的相片。

　　据才文介绍，老爷庙口岸与蒙古国戈壁阿尔泰省相邻，对面为蒙布尔嘎斯台口岸。

　　老爷庙这个地方自古就是通向蒙古的通道，两地边民来往频繁。平时，大量的生活日用品如面粉、蔬菜、水果、家电运向蒙古。而从蒙古国运来一些矿产及皮毛产品。

鸣沙山

离开老爷庙口岸开始返回。汽车穿过巴里坤县城后,改道走东路,绕行鸣沙山,再回哈密。

重过红山农场、奎苏镇后,道路上的车辆明显增多。

当行驶一段路后,天山雪景非常美妙,泛着白银光。

当行至一处叫松林塘的地方,出现大片大片的松林。天山、松树、雪地,风光无限。

汽车开到口门子之地,停在马路边餐馆前,共进午餐,我们一边喝着羊肉汤,一边欣赏窗外的美景。

饭后又上路了!前行不远,从一个岔口左拐弯前行……

路牌上写着:鸣沙山8公里。

汽车在马路上飞驶,这条公路是通向伊吾县的要道。伊吾县也是个边境线,与巴里坤县接壤。

路,很宽敞,是新修的一条马路。路边,马群一片又一片,原来,这里是军马场。

不远处,前边出现一个巨大的木牌楼,上面写着"鸣沙山"!

我走近,看了旁边的介绍。鸣沙山所处的位置距巴里坤县城60公里。

当我走到山前观看,这是一座很平常的沙山,为什么叫"鸣沙山"呢?我心里在想……

我在目测,沙山长约5公里,高约50米。而奇怪的是沙山四周水草丰茂,春意盎然。面对沙山,细细聆听,沙粒从山上向下滑动时,有各种声响,时起时落,响声大小不一、强弱不同,当地人称"会叫的沙山""会鸣的沙山"……

为什么叫鸣沙山,李莉女士介绍说:"相传,唐代著名女帅樊梨花挂帅

• 雪山对面的鸣沙山头写着"鸣沙山"字样的巨石雕刻

西征,女兵们在这里安营扎寨,夜间突然狂风大作、黄尘弥漫,沙子把女兵埋没,堆起一座沙山。从此,每当夜深发出类似人的声响,人们都说是死去的女兵在长泣、哭啼……"

据悉,敦煌鸣沙山与宁夏中卫市的沙坡头、内蒙古达拉特旗的银肯塔拉响沙群和新疆巴里坤鸣沙山号称"中国的四大鸣沙山"。

回哈密市的路上,我们走的是谷地,几乎是在天山峡谷中穿行。

魔鬼城

五堡魔鬼城是哈密的一处自然景观。从哈密市启程，当行至五堡乡南，眼前出现了大漠中的雅丹地貌，山丘、石山、砂岩、悬崖，经过风沙的侵透，雕琢成各式各样的形体，有的像城堡、宫殿、大堂、寺塔，有的似石碑、石屋、石墙，有的如猴子、老虎、天狗，形态各异，包罗万象。

令人眼花缭乱的还有沙砾中五光十色的玛瑙、奇石、白玉，更多的是随处可见的硅化木。

这时，李莉女士在地上拿起一块硅化木说："这是树木化石。"我再一抬头，眼前突然浮现出大片硅化石！太震撼了！满山遍野，皆是树石头！而且，这些树石，都是一根一根、一桩一桩、一棵一棵，散插在黄沙中。

看吧，有的像树身，有的像树墩，有的像树杈，有的像树根。石林，简直太像死去的树木了，依然屹立在荒漠中……

原来，这些树化石是由树木转化而成的石树！化石树是怎样形成的呢？

我又一次请教向导李莉女士，她做了详细的介绍。她说："这里很早很早以前是大森林，由于地壳运动，黄沙埋住了森林。巨大的沙丘稳定了沙丘上的雨水下漏。天长日久，被埋的树化石露出了地面，形成了尖峰石阵。没有人知道这个过程是多久以前发生的。它可能早在几亿年前就开始了。后来，石峰逐渐暴露出来，因此今天它们像在风沙中的哨兵一样站立着。"

这里不仅仅有树木化石，还有枝叶清新的植物化石，偶尔可获得像恐龙蛋化石的小圆石头、海生的鱼类化石、鸟类化石等。

我问李莉女士："为什么叫鬼城呢？"

向导李莉女士说："晚上，有时会听到很恐怖的、令人发指的嘶叫声，为此当地人称'魔鬼城'，其实，那是风的声音。"

返回哈密，我去了农贸市场。哈密，著名的哈密瓜就产自这里。

• 魔鬼城

• 哈密回王府

　　瓜以地得名，地以瓜闻名。哈密瓜名字的来历还有一段故事。陪同的向导李莉女士介绍："那是康熙三十七年，哈密回王额贝都拉带着本地自产的瓜去进贡皇上。当康熙见到瓜并品吃后高兴万分，喜出望外，连连叫好，问这是什么瓜，哈密回王额贝都拉回应无名，康熙皇帝欣然说，就叫哈密瓜吧！于是哈密瓜名传四海。"哈密回王府号称西域小故宫，名气也很大。

　　哈密，是一个赏味之地，留下无尽遐想⋯⋯

吐鲁番：火焰山·艾丁湖·交河城

  采风哈密后下一站去边境县奇台，途中经过吐鲁番。在吐鲁番真真切切感受到葡萄的魅力：那葡萄沟、葡萄架、葡萄园、葡萄干、葡萄酒……简直成了葡萄的海洋。葡萄，成了吐鲁番的代名词。除葡萄外，这里还有火焰山、艾丁湖、交河古城、坎儿井、苏公塔……

• 火焰山

• 火焰山前听取当地老人讲述火焰山的故事

火焰山

  出吐鲁番东北行 10 公里，过葡萄沟，我来到火焰山。火焰山屹立在吐鲁番盆地北部，绵延一百多公里，宽 10 公里，海拔五百多米。

  站在火焰山前，第一眼看到的是孙悟空的雕像，栩栩如生、活灵活现。雕像前，很多游客在这里排队照相留念。

  望着孙悟空的形象，让我想起了《西游记》中描写的孙悟空。

  明代吴承恩的巨著《西游记》，将唐三藏取经受阻火焰山描述的细腻动人，尤其是孙悟空三借芭蕉扇的故事写的淋漓尽致，特别把火焰山与唐僧、孙悟空、铁扇公主、牛魔王联系在一起……

我回味唐三藏西天取经时，在火焰山问一老者："敢问公公，贵处遇秋，何返炎热？"老者道："敝地唤作火焰山，无春无秋，四季皆热。"

说到火焰山的热，讲解员说："火焰山是中国最热的地方，夏季最高气温高达47.8度，地表最高温度高达89度，沙窝里可烤熟鸡蛋。"

火焰山不仅在《西游记》中有记载，在古代的书籍中很多地方有显。《山海经》载："炎火之山。"王延德的《高昌行记》："北庭北山（即火焰山），山中常有烟气涌起，而无云雾。至夕火焰若炬火，照见禽鼠皆赤。"

信步于火焰山，这里有很多看点：骑骆驼的、滑沙的、演唱的，不过孙悟空的身影，出镜率最多。

艾丁湖

吐鲁番，维吾尔族语为"最低处"之意。艾丁湖位于吐鲁番市南37公里的恰特卡勒乡境内。

汽车在行驶。窗外，到处都是葡萄园。当经过一个地球形状标志"中国内陆海拔零点"，开始下行。

十分钟车程，我来到了艾丁湖前。

艾丁湖景区大门很有特点，外形似一轮明月在艾丁湖上空，内秀一轮红日照耀艾丁湖大地，象征日月同辉，象征美好、美满。

门口宣传牌上介绍，"走过艾丁湖，人生从此无低谷"。艾丁湖是一个内陆咸水湖，湖水矿化度极高，其边缘皆是银白晶莹的盐结晶体，形状酷似一轮明月，故艾丁湖在维吾尔族语又称"艾丁库勒"，意为月光湖。

因为疫情的原因，不收门票，但需要量体温、出示健康码、行程码。

进大门景区后，我一边走，一边听介绍说："艾丁湖本是一个天然的盐生植物园，原生长着盐穗木、花花柴、骆驼刺、黑刺、梭梭等，形成了一道道独特的植物景观。同时也是一个动物的乐园，可以看见藏野驴、草原

• 艾丁湖入口

斑猫、棕熊等。艾丁湖又是鸟类的天堂，有白鹤、大天鹅、苍鹰、红隼等珍稀鸟类。"

走了好长一段路也看不到湖水。目光中，不像讲的那样美。地上到处都是干枯的沙石、土块。

向导说因为这里是负海拔，天气的干旱，湖面逐渐缩小、缩小，再缩小。

徒步半个小时，终于见到了湖面。湖面很小，湖边竖着一个巨石碑，上面写着"艾丁湖"三个字，湖边长满了芦苇，在残风下飘摇……

湖边设置一行地标里程石牌，显示此处距各省、市、区的直线公里数。

我向四周眺望，看到了南边有一个隐隐约约的球体，处在地平线上，原来那里才是最低点。

抬腿吧！还需要徒步。脚下，土地干裂；身旁，干泥黑石，就像在外

• 艾丁湖畔

星球行走一样，荒凉至极。

大约走了三公里，终于来到了球体下。石球实在太大了，像个大气球，人站在下面显得很渺小。球体的下面写着一行字：世界内陆最低处 -154.31 米。

球体上，刻画着世界地图，球体下雕刻着龙、云、雾和怪兽。

在艾丁湖，南侧还矗立着人类文明的遗迹——塔什烽燧，它是远古时期先民们留在这里征战防御留下的遗迹，如今成为中国海拔最低的烽燧。

• 蔚为壮观的球体标识

交河城

出吐鲁番西行13公里,在亚尔乡的牙尔乃孜沟两条河交汇处30米高的黄土台上出现一座土城,这就是交河故城。像个柳叶形半岛,长1650米,宽300米,面积37.6公顷,是目前全国现存面积最大的、保存最完整的生土建筑遗址,已被联合国列为世界文化遗产。

走在故城遗址,昔日的房屋荡然无存,只有残垣断壁,仔细观察,还能辨认出房子的地基、院落、街道。当走到城的中部,看到已经塌陷很深的一处房屋,这是统治阶级的驻所,之中有土炕、土墙、土门。

当我走到故城的最高点,俯瞰了全城的建设布局:有富人的住房,有普通老百姓住的房子,还有寺庙之类的建筑。

站在观景台,我采访了护城工作人员。据介绍,交河城于公元前二世纪为西域三十六国之一的车师前国国都,此后历为高昌国、唐西州、高昌

• 交河故城遗址

• 疫情期间参观交河故城遗址限流

回鹘王国等下辖的交河郡或交河县的治所所在。唐曾于公元 640 年设安西都护府于此，交河城一度成为唐帝国控制天山南麓乃至西域广大地区的重要行政、军事、交通、宗教中心。

当我问起交河布局，工作人员回答说："包括了仓储区、衙署区、寺院区、墓葬区和大型院落区。城址外北部、西部的台地上分布有车师国及晋、唐时期的墓葬，范围达两平方公里。"

交河故城令人感叹！与之媲美的还有世界文化遗产高昌故城，它们是古丝绸之路东天山南麓吐鲁番盆地的重要中心城镇，见证了古代西域地区古文明的存在，展现了丝绸之路沿线有关城镇文化、建筑技术、佛教及多民族文化的交流与传播。

吐鲁番，因葡萄而传世！

吐鲁番，因火焰山叫响！

吐鲁番，因负海拔闻名！

吐鲁番，因交河城惊叹！

奇台：红花似火的边境县

　　大漠、戈壁、沙滩……

　　红日、白云、蓝天……

　　我从吐鲁番启程来到奇台县城。这次采风奇台，一是了解红花种植，二是看边境口岸。我对新疆红花有深厚兴趣。这次走边境线，顺便了解新疆红花今年的生产和收获状况，生长环境怎么样，有没有受到污染！新疆这一带，都有种红花的习惯。我到奇台县有关部门采访，寻问红花生产。这才知道，此地不仅奇台，周围的吉木萨尔、木垒等县，都有种植红花的习惯，尤其是奇台县西北湾乡相邻的红旗农场，红花种植面积最大，产量最高！红旗农场被夹在奇台和吉木萨尔之间。得到此信息，我直奔红旗农场。

　　汽车在急驰……

　　高大的白杨树在车窗里好像连连倒去……

　　茫茫的戈壁沙滩扬起阵阵尘埃……

　　为了提神，司机有意播放新疆歌曲。伴着歌声，汽车在茫茫戈壁上行驶……

在奇台县听取当地人介绍红花

因为修路,汽车不得不绕行。当走了一段路程后,突然,一道道土墙、一片片土瓦、一堆堆土丘、一条条土沟,出现在眼前。

听司机介绍,这是闻名天下的北庭都护府遗址,已有上千年的历史,2014年被联合国列为世界文化遗产。

那还是中国大唐王朝统治西域时期,成千上万的大批兵将开到这里屯垦戍边,建造了赫赫有名的首府。随着千百年的更迭变迁,昔日的繁华已变成历史的烟云,如今留下的是一片废墟。新中国成立后,十万大军开到新疆,奏响了屯垦戍边的新续曲。与北庭都护府遥遥相望的红旗农场,便是当年军垦战士的舞台。现代与古代同样是屯田,而差别之大却让人感叹!一边是现代化农场,一边是被黄沙埋没的残垣古城,这怎能不引人沉思呢?北庭遗址与红旗农场只有一河之隔。

车过桥头,一个宣传牌矗立在田间:屯垦戍边保边疆,万顷戈壁变红花。红旗农场到了!

• 走进北庭都护府古城遗址

• 红花的海洋

当驶入红旗农场地界,司机又变换了歌曲,歌颂当年军垦战士之歌《边疆处处赛江南》飞飘出车窗——

黄昏烟波里,
战士归来鱼满船,
牛羊肥来瓜果鲜,
红花如火遍草原……

望着窗外的红花种植基地,我兴奋得几乎叫起来!这就是红旗农场!这里就是红花种植基地。

到达红旗农场,一位工作人员接待了我,他说:"现在不是看红花的季节,红花已收完。"这时,工作人员带我参观了红花籽和凉晒干的红花。之后,又让我看了看红花种植的照片。

我望着一幅幅红花照片出神、激动、震撼:那望不到边的红花,红的那样娇嫩,红的那样绚亮,红的那样耀眼,红的那样灿烂!满地遍野的红

● 专家考察红旗农场红花基地

花,艳的那样迷人,艳的那样出奇,艳的那样生动,艳的那样热情!

看吧!那一望无际的红花地里,一队队、一行行维吾尔族少女,迎着朝阳,披着朝霞,踏着晨露,踩着晨光,采摘红花。这一幅幅绚丽多彩的图片多么漂亮呵!如果稍加留神还可以看到画图中神威药业的标牌,上面写着:神威药业有限公司 GAP 绿色药源(红花)种植基地。

在红旗农场,我采访了红旗农场的张庆伟总经理。张总介绍:"今年红花长势不错,仅采摘,用了一个月时间。红花的采摘全部靠人工,我们红旗农场种植的 3 万亩红花,需要人工一朵一朵采摘下来。采花是一项细致活计,每人每天最多采摘 8 千克,用工量非常大。采摘工人大都是从农村招来的维吾尔族姑娘,有的是从内地招来的。"

我问:"工本费呢?"

张总答:"对采花者管吃管住,每采一千克红花劳务费为 20 元钱,一天下来可挣到 160 元。"

我问:"红花的质量怎么样呢?"

张总说:"这里的红花是纯天然的,没有任何污染,是地地道道的绿色植物。"

接着,张庆伟总经理讲了红花的发展史。他说,早在我国东汉时期张骞出使西域,就有红花传种。据史书《博物志》记载"张骞得种子西域,今魏地亦种之",在以后的"丝绸之路"的商贸往来中,种植技术传至边陲,红花在新疆才始有栽培。北庭自汉代以来,就是我国西部边陲的要地,且有种植红花的记载。"北庭红花"正源于此,并由此得名。

"北庭红花"在中国乃至世界都有名气,因为是成方大面积机械化种植,自然生长,自然收获,非常纯正,没有任何杂质和污染。每到花期,遍地盛开的红花十分壮观,引来许多外国人前来考察参观。

听到订购,我问:"红花基地不会让外国人订购吧?"

张总立即回答:"红花一部分供给国外,大部分供给国内。"

张总接着讲:"红旗农场的 3 万亩红花基地,年产红花绒 300 吨,出口日本等国家,年产红花籽 2000 吨,大部分供给神威药业。"

听了介绍,我不断点头示意。据悉,种植棉花一亩地的产值要远远高于红花。

说着说着,张总讲了有关野狼的故事。他说,这里紧靠沙漠,野狼非常多,每到晚上成群的野狼频频出动,当然红花种植基地也是袭击的目标,大片大片的毁坏。为此有人曾去找当地的领导请求解决办法,当地领导风趣地反问:"这个地盘最早的主人是谁?是野狼,而不是人,是人类侵占了野狼的地域,所以不能怪罪野狼!"

听了这个故事很有意思。正在这时,一位名叫古丽的裕民县人来参观,我顺便问:"你们县也种植红花?"

古丽答:"对呀!我们县今年种植红花 15 万亩,全县仅这一项收入就超千万元。我们哈巴克乡的红花今年少说也有 3 万亩!欢迎您到我们裕民县去看看，那里也是红花的世界！红花的海洋！"

说完，古丽随后回头又甩出一句话："别忘了，到我们裕民去看看啊！裕民人民欢迎您，裕民的红花迎接您！"

"裕民的红花迎接您！"一句响亮的话语冲向我，我知道"北庭红花"，没有听说过"裕民红花"。我望着远去的古丽身影，脑海中仿佛又浮现出一块纯净的、无污染的、绿色的红花基地。

走着走着，我们来到红旗农场与奇台县西北湾乡交界处，恰遇奇台农业局的工作人员在此指导农业生产，顺此我采访了奇台的红花种植情况。

这位工作人员指着东边的红花基地介绍："奇台红花年种植面积大约两万亩，但在种植技术上要向红旗农场学习。"说完，他要带我参观奇台的红花基地，我欣然答应。

在奇台地域，我们一路谈红花种植、讲红花生产、说红花销售……

路边，我透过奇台的种植基地，仿佛又看到了一片片红花如火……

回程的路上，汽车上同样响起了《新疆处处赛江南》的歌声——

林带千万里，

万古荒原变良田，

红旗飘处绿浪翻，

红花如火遍草原……

伴随着歌曲，我满脑子都是"红花如火"，"红花如火"……

一路的颠簸，一道的红花，如梦如醉……

下午晚些时候，我来到奇台县边境。在此，我参观了国门、口岸。

奇台县与蒙古国接壤，国境线长131.47公里。乌拉斯台口岸为国家一类口岸。

晚上，赶回奇台县城已是万家灯火……

富蕴：去寻找"可可托海的牧羊人"

汽车在大漠中飞奔……

车轮在戈壁上滚动……

一路向北疾驶，向着边境县富蕴前行……

窗外，无边无际的旷野……

车内，一遍一遍播放《可可托海的牧羊人》——

那夜的雨也没能留住你

山谷的风它陪着我哭泣

你的驼铃声仿佛还在我耳边响起

告诉我你曾来过这里

我酿的酒喝不醉我自己

你唱的歌却让我一醉不起

我愿意陪你翻过雪山穿越戈壁……

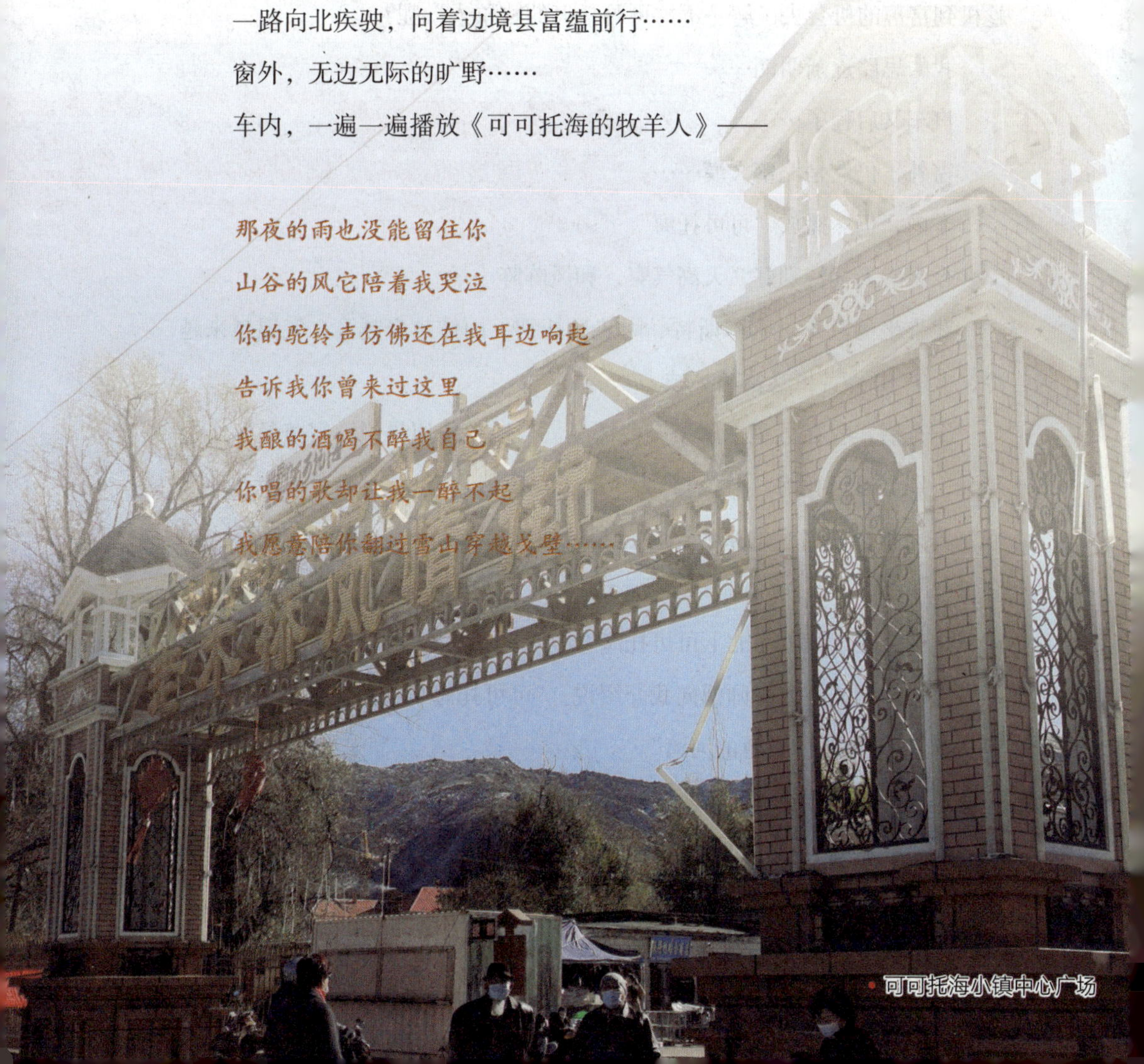

可可托海小镇中心广场

多么动情的歌词啊！多么悠扬的曲子啊！

让车上的所有人动容、动情、动感……

这是一首刚刚在网上唱热的歌曲《可可托海的牧羊人》！

可可托海！一个较为生疏的名字，顿然在网上火爆起来！

我在思考，我在思索……

突然，司机的一脚刹车，摇晃了整车人，我也马上收回思绪。

原来，前边的牧羊人赶着的一大群羊挡住了公路，司机不得不急刹车！

"牧羊人、羊群、戈壁、沙滩……"充满了我的脑海……

本来，我这次沿中国边境线踏访，主要是口岸、国门、界碑，我何不趁机到富蕴的机会去了解一下"可可托海的牧羊人"呢？

我的思路逐渐明朗……

汽车又启程了……

窗外，仍然是戈壁大漠……

车内，仍然播放"可可托海"……

今天的天气特别好，天高气爽，和风阵阵……

我乘坐的汽车过喀木斯特、阿热勒托别，山体越来越高，气温越来越冷，上午10点钟抵达富蕴县城。

下车后，我在县里了解了一些情况。当地人任旭昌说，富蕴是一个边境县，别名可可托海。"富蕴"为"取天富蕴藏之意也"，县政府所在地库额尔齐斯镇，镇名字的来源是穿越县域的额尔齐斯河，县域边境线长205公里。

之后，我继续乘车北上可可托海。

路上，司机刘志春师傅向我介绍说，"可可托海"哈萨克族语意为"绿色丛林"，蒙语为"蓝色的河湾"。

车过可可苏里湖、吐尔洪、可可托海隧道，半个多小时到达可可托海镇。

刚进镇，看到俄罗斯风格建筑非常扎眼，我有些纳闷儿！经询问，原

● 牧羊人的牧场

来这里过去住过很多俄罗斯人。对于这些,我并没有在意。

我走向镇街心,顿感人气旺盛,热气腾腾,尤为抢眼的是人群中的叫唱《可可托海的牧羊人》………

音域高昂,激情震荡!

这,便是我对可可托海镇的第一印象!可见,《可可托海的牧羊人》在这个小小的可可托海镇是多么的火爆!

之后,我采访了歌者,他说:"我是一位哈萨克族人,也是一个牧羊人,这首歌在我们可可托海已是家喻户晓,人人爱唱!"

在街头,我连连采访了几位当地人。可可托海地处边境地带,面积17.1平方公里,人口4870人,大都是哈萨克族。这里的可可苏里湖、伊雷木湖、地震断裂带、百花草场都是好去处,有山、有水,水草丰美,哈萨克族人祖祖辈辈在这里放牧,繁衍生息。

哈萨克族人家多在额尔齐斯河河畔。我离开可可托海镇前行5公里,来到额尔齐斯河第一村塔拉特村。塔拉特村是额尔齐斯河流域源头上的第一个村落,也是额尔齐斯大峡谷入口,为此享有"额河第一村"的美誉。

这是一个哈萨克族聚居的牧业村,共有72户,历史上牧民都是靠放羊生活。在村头,我采访了一位年长者,他说:"我爷爷的爷爷就是牧羊人,从这个地方顺着额尔齐斯河向上走,水量丰富,有支流、溪水、瀑布、泉眼,牧草旺盛,成了我们牧羊人放牧的地方。"

这时我问:"你知道《可可托海的牧羊人》这首歌吗?"

答:"知道,唱的就是我们这里的牧羊人!村子里很多人都在唱!"

说到这里,老人把话题一转,接着说:"说实话,真正的可可托海,是石头,是矿石!是……"

话,没有说完,一群羊走过来,冲散了我们的对话。

离开"额河第一村",首先映入眼帘的是"可可托海景区·额尔齐斯大峡谷""可可托海世界地质公园"标牌,非常醒目。

我沿着额尔齐斯河前行,过白桦林、水磨沟、石门,来到了钟山。据牧羊老人说,他们过去牧羊就到达过这里。

看吧!眼前顿然出现的这座拔地而起的山峰,非常壮丽。只见灰白色的巨型花岗岩体,顶天立地,穿云破雾,多么像一口庞然大钟蹲在额尔齐斯河畔。难怪,当地人起名为"钟山"呢!

面对钟山,仰望钟山,让人心醉!叫人心狂!令人感动!

钟山,有多少诗人在此吟诵,有多少作家在此留文,有多少旅客在此驻足。据有关专家断言,钟山及钟山一带矿产丰富。不过,现在国家已经封山,作为战备资源储备。

钟山,是一座神奇、美丽的山!该县还把钟山作为县歌"钟山之歌"传唱,赞美可可托海,大自然如此之美好!

在返回可可托海镇的马路不远处,我看到有一条醒目的标牌,上面写着"世界的可可托海"。

"世界的可可托海!"心想:口气够大的!我正看得出神,一个人走过

● 巍然屹立的钟山　　　　　　● 可可托海矿入口

来说此地不能久留。原来，他是这里稀有金属公司办公室的，叫贺永强。于是，就这句话，我问其含意。他介绍："是说可可托海的矿在世界上有名！"

我问："什么时候发现这里有矿石？"

贺永强："早啦！1930年前，当地牧羊人从山沟里捡石头，做装饰品。1935年当地哈萨克族一名叫阿牙阔孜拜的牧羊人捡到一块石头，发现是矿石，引起苏联技术人员的重视，后开始勘探、开采。"

"世界的可可托海！"太有分量了！对此，我产生了浓厚兴趣，在贺永强的带领下，探个究竟。

当我们穿过"新疆可可托海稀有金属国家矿山公园"大门，没走几步，"哇！"——

太震撼了！一个巨大的矿坑，展现在蓝天白云之下：像一口巨"锅"，似一顶巨"帽"，如一座巨大的"剧场"，巍巍壮观，气势宏伟！

- 在矿洞介绍这里的矿石助推"两弹一星"

- 神秘的 3 号矿坑

　　那一层层旋环的矿带，那一道道盘转石路，那一道道深陷的地层，那一段段分明的岩体，真是引人注目，令人叫绝！哦！这是闻名的地质三号矿脉！哦！这是世界稀有金属的脉源！

　　在现场，贺永强指着眼下的矿坑说："此地原来是一座高大的山，经历五十多年的采掘，已经挖成深陷地下的巨大矿坑，其坑长 250 米、宽 240 米、深 200 米，是世界上最大的矿坑之一。"

　　我问："都有什么矿？"

　　贺永强："主要是稀有金属，世界上有 140 种矿物，这里就有 86 种，包含铍、锂、钽等多种稀有金属及放射性元素，矿藏储量约 2500 多万吨。规模之大，矿种之多，品位之高，国内独有，世界罕见。"

我问："对国家的影响呢？"

贺永强："这里的矿，对我们国家做出了巨大的贡献！在20世纪60年代初，我国用此矿偿还了苏联的一大笔外债，占总外债的47%，还助推了'两弹一星'。"

我说："神秘啊！可可托海！"

贺永强："可可托海很长时间作为国家的高度机密，一直处于特别封闭的状态，地图上也不显示，如今才开放。现在唱火的《可可托海的牧羊人》，人们知道有一个牧羊人，并不一定清楚可可托海还有一个世界级的矿脉！"

我从三号矿脉出来后，沿盘山路，来到"阿依果孜矿洞"。当我钻进矿洞时，哇！又一次让我惊叹、震撼！

沿着矿洞行走，真真切切看到昔日矿工采矿的足迹……

面对矿洞，我心想：我们的矿工，为了祖国的矿产，付出了多少艰辛啊！在此，我没有理由不向矿工们致敬！

在矿洞，陪同采访的矿山工作者一边走一边向我介绍说："我国的原子弹上天、氢弹的爆炸、火箭的发射、核潜艇的下水、核武器的诞生，与这里的矿工们息息相关！若没有矿工们开采的稀有矿，我们的核弹、氢弹、原子弹，可能是一张白纸！"

为了进一步了解开矿的前前后后，我去了可可托海"地质陈列馆"。当走进展厅，满眼的矿石、满目的岩体、满眶的奇石，这里简直成了石头的世界，其所展石头全部出自可可托海的矿山中。讲解员说："这里所展出的都是矿物珍品。开矿中，曾采到16千克重的海蓝宝石、17千克重的黄玉、60千克重的钽铌单晶矿、500千克重的水晶块、12吨重的石榴石、30吨重的绿柱石晶体等。最引人注目的是采到罕见的60千克重的钽铌单晶矿。"

更可喜、更震撼的是采到"世界唯一稀世珍宝"：额尔齐斯石！

在此，我驻足专心地赏识这块稀世珍宝！为祖国骄傲！

通过参观，我真正体会到：为什么说可可托海是享誉海内外的"地质

• 奇石店各式各样的石头

矿产博物馆"？为什么说可可托海是中外地质学者心目中的"圣地"？为什么说可可托海是世界公认的"天然地质博物馆"……

站在陈列馆，一目了然！

可可托海！这里的地域，能够出产多种矿石，离不开这里的奇山异水。

牧歌唱晚，灯火阑珊。

可可托海沉浸在万家灯火中……

我信步在可可托海镇矿石一条街，可谓灯火通明，热闹非凡。看吧！一家挨一家的石店，一间接一间的店铺，比比皆是，让您眼花缭乱，叫人不愿离去。

在向导赵爱民陪同下，我走进一家名为"琪美奇石轩"石头店，只见屋墙、屋顶、屋地全是出售的石头，有桂石、玉石、晶石、宝石……应有尽有，太多太多的石头了！谁能想到，这个店是贺永强的家人开的。贺永强对我说："我对石头有特殊的感情，我以石头相伴，就连睡觉也要和石头在一起！"他接着说："石头，有灵魂，有灵感，有灵气！我不仅爱祖国，更热爱祖国的一山一石！"

可可托海，太值得去观赏了……

可可托海，不仅仅有牧羊人……

夜幕中的可可托海，大街上又响起了《可可托海的牧羊人》……

歌声，在可可托海上空飘扬……

乐曲，在阿尔泰山脚下回荡……

阿勒泰：白桦林·姑娘追·骆驼峰

阿勒泰在中国版图鸡尾最高点，与哈萨克斯坦、俄罗斯、蒙古三国陆地接壤。

阿勒泰市周边有红山嘴、塔克什肯、吉木乃和阿黑吐拜克四个口岸，边境线长102.6公里。"阿勒泰"蒙语为"金山"之意，因山中蕴藏黄金而得名，这里有"阿尔泰山七十二条沟，沟沟有黄金"之说。境内的额尔齐斯河是中国唯一注入北冰洋的河流。这里有浓郁的草原、广阔的林海、珍贵的野生动物、闻名遐迩的湖泊、绚丽的冰川雪岭，被称作中国大西北最美丽的地方。

白桦林

白桦林

阿勒泰市不是很大，建在两山相夹之中的川地上。

今天天气晴朗。当我迎着灿烂的阳光来到这个地级市，一切都是那么清新、幽静。

时逢深秋，很多人都去欣赏胡杨林，而我看中了白桦林。恰好，阿勒泰市有一处白桦林公园。于是，我慕名前往。

当走进白桦林公园的时候，一下子震惊了！放眼望去，这里长满了白桦树。看吧！那金黄色的树叶、白色的树身、深远的林带……这里简直成了白桦林的世界！白桦树的海洋！白桦木的天下！

在白桦林，陪同我采访的司机兼向导路鸿强说："白桦林公园位于阿勒泰市北两公里的克兰河谷地中的河滩地带。其南北长2140米、东西宽180～400米，总面积1.5平方公里，被克兰河分割成6个小岛。岛上遍地都是白桦树，形成了林、水、滩相间的自然风光！"

闲庭信步，在白桦林中行走。看着那高大的树干、小河的流水、厚厚的落叶，真是赏心悦目啊！

姑娘追

我在阿勒泰市金山广场散步，走着走着，看到广场北侧有一巨大的人物雕像。雕像一男一女骑着马，威风凛凛，下边有三个大字：姑娘追！

面对这座雕像，我出神地看着，不解其意。后来，我请教路鸿强向导，寻问"姑娘追"是怎么回事？

路鸿强介绍说，姑娘追是当地哈萨克语"克孜库瓦尔"，是哈萨克族的习俗，在婚礼、节日之时举行的活动，已被列入联合国非物质文化遗产名录。

• 姑娘追雕像

我问:"姑娘追,是怎么个追法呢?一般情况是男追女,怎么来了个女追男呢?"

路鸿强回答说:"这是古代留下的婚俗。部落的男女骑马相遇,若男士有意,小伙子立即纵马急驰,姑娘则在后面紧追不舍,追上后便用马鞭在小伙子的头上挥动,注目相视。如果姑娘喜欢小伙子,那她就会把马鞭高高举起,轻轻落下。但如果是姑娘不喜欢,就会毫不客气,挥鞭告别。"

接着路鸿强介绍:"此习俗是哈萨克族男女青年反抗封建礼教、摆脱父母包办婚姻和自由恋爱的一种方式,许多人就是通过这种方式追逐互相认识、互相了解而萌发了爱情,最终结成伴侣的。"

骆驼峰

　　我在阿勒泰市采风,当沿着克兰河畔行走的时候,看到一边是高山,一边是城区。经寻问路鸿强,得知这座山叫骆驼峰。为什么称骆驼峰呢?

　　带着这个问题,我询问路鸿强,得到的回答是:这座山从头到背,从背到尾,特别像一只骆驼,尤其是站的远一点看,显得更像、更逼真!

　　路鸿强对我说,骆驼峰还有一个传说。阿勒泰坐落在大漠之中。一天,一只骆驼从远处而来,它很渴。当这只骆驼走到克兰河边的时候,发现了水。于是,低下头来贪婪地喝起来。这只骆驼见这里水草丰美,便不走了。后来,人们称这座山为骆驼峰!

• 骆驼峰

骆驼峰为国家 2A 级景区，垂直高度 150 米，迎河面山势雄伟挺拔、陡峭险峻，在峰顶可观整个阿勒泰市容。据悉，这座山峰上有人类很早以前活动的痕迹。分布在海拔 920～1000 米高度的 8000 平方米的绝壁上的岩刻画，有二十多幅反映古代人类生活与狩猎、射杀的场面，还在绝壁上发现了带有古时期草叶等植物的生命化石，说明了这座山峰，形成在侏罗纪时代造山运动中。

当我告别路鸿强时，才知道他的岳父贾彦国是河北省定州人。他岳父年过 90，是一位老援疆战士。自 20 岁来到祖国西部，支援新疆，把自己的一生献给了祖国的边疆建设！多么可敬可爱啊！在此，我默默地祝福他老人家健康长寿！在阿勒泰，支边的何止贾彦国呢？

中午在阿勒泰一家餐厅，碰到了几个兵团人吃饭，于是我们聊了起来。这里不仅有支边的，还有很多军垦战士。周围有很多兵团，如巴里巴盖镇的 181 团，还有北屯市就是建设兵团建成的。

饭间，当谈到军垦战士的贡献，他们一个个举酒过头；当说到军垦战士的艰苦，他们一个个齐刷刷站起来痛饮；当讲到军垦战士的欢乐，他们一个个对酒当歌放声高唱。军垦战士的情怀，军垦战士的豪爽，军垦战士的真诚，深深感动着我。

在这远离祖国的边疆，在这莽莽的大漠边沿，在这空旷无际的天地，我突然感到他们是最可爱的人：献了青春献终身，献了终身献子孙，这怎能不让人感慨呢？

我身边一个名叫张力强的机手说："我的爸爸当年来到这里，是一个活蹦乱跳的小伙，现在已是两鬓苍白、满头银发，而爷爷在老家去世时，爸爸还在这里垦荒屯田，那样远的路程怎么能回去奔丧呢？爸爸在屋里大哭了一场，后来到院里向着河北的方向默默跪了一个多小时……"说到这里，张力强哭了！

对面李静讲了这样一件事，他说："我的妈妈是支边青年，来到新疆

20 年没回家,有一天晚上做了一个梦,说姥姥一定要见妈妈一面。第二天妈妈一定要回去,谁说也劝不下来,结果回到内地老家,一进门妈妈便愣住了,舅舅、舅妈都穿着白鞋,原来姥姥已去世三个月了。此时,妈妈一头栽倒院里,不省人事了……"

这就是我们的军垦战士,这就是我们的支边青年,为了祖国的边疆建设,为了军垦事业,舍去了一切……此时,席间大家低头沉默,大概是讲得有些伤感了,这时有人提议:为了祖国,为了边疆,为了亲人,连干六杯。

说完他们一个个都站了起来,我这个不善烟酒者此时怎能拒绝,于是一气饮完,之后就晃了起来……

走出饭店,天已经凉下来!而此刻,我顿感身上热乎乎的,那是支边者的感染……

晨曦中的阿勒泰……

喀纳斯湖：美丽富饶神秘之地

出阿勒泰市北上，通过一片片草甸、一个个原野上的石人雕像、一片片桦木林，来到镶嵌在森林中闻名世界的喀纳斯湖。这是我第二次来到这里。"喀纳斯"在蒙语中为"美丽富饶而神秘"之意，湖长25公里、宽2.5公里，湖深176米。面对神秘的湖泊、深绿色的湖面，好似踏入世外桃源。在雪山、绿树、蓝天、白云的衬托下，鱼在天上游，树在空中长，鸟在水中飞，云在水里走，多么好的一幅画卷啊！为了俯瞰整个湖区，我登上了旁边一座山峰，居高临下，观赏湖光山色，更有"把酒临陶陶"之感。湖在两山之间铺展，水在天地之间横流，又感到十分惬意。之后，乘坐游船在湖面上行驶，又是一番情趣。那浪花、那水波、那激流，让人置身于大自然的梦境中。在兴致大增之时，船员讲了水怪的传说，他说："不少人见到湖中心怪物浮出水面，人们还抓拍到水怪的影子，喀纳斯湖太神奇了！"

◀ 美丽的喀纳斯湖

挂着成吉思汗像的图瓦人家

● 喀纳斯湖畔的图瓦人村落

喀纳斯湖畔的图瓦人村落名气很大，于是我从湖边抄小路直插到这个小村庄，一下子就被吸引住了：那木屋、炊烟、村街、牧羊、草圈、篱栏，一切都是那么原始、自然，恰似一幅油画，让人走进一个童话世界。

一位欧洲游客来此参观时说："这是中国西部的瑞士，感觉和瑞士风光一样。"

一位联合国官员来到这里时说："这是当今地球上最后一个没有被开发利用的景观资源，开发它的价值，在于证明人类过去那无比美好的栖身地。"

在这个古老的村子里，图瓦人孟克义接受了采访，他的父亲叶尔德西是民间艺人，会吹奏已经失传的图瓦人乐器，这种乐器是用当地草茎秆制

• 在白哈巴村巡逻的边防战士述说守边

• 第5号界碑

成,称为"世界音乐活化石",中央电视台及多家媒体报道过。在木屋里,孟克义饶有兴趣地为我们吹奏了一曲。听着这古老的乐器声,甚感图瓦人的历史文化是多么的深奥、久远。

被称作喀纳斯湖后花园的白哈巴村,也是一个典型的图瓦人原始村落。白哈巴村位于中国和哈萨克斯坦接壤的界河哈巴河江畔。我翻过一座高山,穿过一片林海,经过一处草原,终于到达白哈巴村。这个村落仍然是木屋、毡房、篱栏、围墙,同样居住着信奉喇嘛教的蒙古族系的图瓦人,也是个自然生态与古老文化传统共融的村落,一切都保持着几百年来固有的风貌。在一个羊圈房,一位图瓦老人接受了采访,她说:"我们祖祖辈辈在这里居住,木房子已有150年的历史,家中有二亩耕地种植蔬菜和粮食,三个孙子都在阿勒泰打工，这里邻里友好，没有纠纷，和睦相处。"

哈巴蒙语为"河床坡度大，多跌水"之意，白哈巴村就坐落在一条沟谷之中，一条清澈的小河蜿蜒环村流过，有"天然画卷""中国西北第一村""西北边境第一团"之美誉。

绕过白哈巴村，在一处高地上，建有边防哨所和岗楼，岗楼上写有"西北第一哨"，哨所门口写有"白哈巴边防站"字样。走进哨所，边防战士介绍："这里与哈萨克斯坦只一河之隔，河不深也不宽，哈方越界和偷渡现象时有出现，因为相比之下，我国的条件和生活水平要比哈国好得多。"

在我方一侧有一块红色的石碑写着两行字很有意思。"我家住在路尽头，界碑就在房后头；界河边上种庄稼，边境线旁牧羊牛。"

踩过一片草地，我站在界碑眺望，对面是哈萨克斯坦山峦中的村庄，下面是一条弯弯曲曲的哈巴河，边防战士指着河床说："你看，河床不宽，水流不急，河水不深，偷渡者很容易进来。当然，这就需要我们加强防范，提高警惕，不让一个不法分子越境。"

夜幕降临，透过星光，我仿佛又看到了花的海洋。

• 哈巴河畔的花海

塔城：丝绸路·"楚乎楚"·巴克图

从喀纳斯一路南下，过吉木乃、布克赛尔，穿额敏河，来到塔城。"塔城"是简称，全称为"塔尔巴哈台城"，该名来自当地的"塔尔巴哈台山"。"塔尔巴哈台"蒙古语意为"旱獭出没的地方"，因此地产旱獭，故名。"塔城"名称源于塔城市人民政府所在地"楚乎楚"地名，"楚乎楚"蒙语为"木碗"之意。塔城是一座多民族风俗、文化交融的古城，"塔城独有的多元化民俗风情"被誉为新疆民俗风情的博物馆。在此，我感受最深的是丝绸之路、"楚乎楚"文化和巴克图口岸……

丝绸路红塔

丝绸路

在塔城采风,感受到丝绸之路通道的重要,这里是举世闻名的百年商埠。据市里的工作人员介绍说:"之所以这里是丝绸之路的通道,它与古代的丝绸之路是分不开的。在很早以前,各游牧民族与汉族之间有友好交往的历史。各草原少数民族间通过贸易,从汉族手中换来粮食、丝绸、布匹;汉族人也从少数民族那里换得牲畜、皮毛。"

我从《丝路史话》中查看,对当时途经塔城的丝绸之路是这样记载的:"阿勒太道:从鄂尔浑河、色楞河上游,过杭爱山,经科布多盆地,穿过阿勒太山,沿乌伦比河,向西至塔城直趋塔拉斯河中地区。"

说到近代,由于俄国建成吐西铁路,东西方商货经塔城畅流。塔城成为中国联结中亚、西亚的重要商道中转地。

"楚乎楚"

我在塔城追踪采访,对于"楚乎楚"的这个名字很感兴趣,我深深感受到它不仅仅是一个名字,而是一种文化,更是一种历史文化。我经过追根问底才知道,塔城历史上曾被称之为"楚乎楚"。陪同采访的李先生介绍说:"很早以前,一位蒙古教徒途经塔城的楚乎楚泉边,用随身带的木碗取水解渴后睡在泉边。醒来走时却忘了木碗。后来人把此泉称为楚乎楚,蒙语为'木碗'之意。之后,此名渐扩展至塔尔巴哈台山地域。"

塔城最早的名字叫"楚乎楚",是有历史记载的:清乾隆三十年即1765年,参赞大臣阿桂奏请朝廷,要把雅尔,即今哈萨克斯坦国乌尔扎尔,肇丰城的驻防机构和军士向东搬迁,执行勘测建城任务的官兵发现塔尔巴哈台山南前山坡这片地方地势平坦,水资源丰富,洪水危害和风害都

● 楚乎楚泉

很小，人畜生存条件良好，于是就把"楚乎楚"泉作为建城标识，因为泉形似碗口，称"木碗泉"。因此，建城上奏朝廷的呈文中就用"楚乎楚"。

另据《新疆大记补编》记载："楚乎楚水楚乎楚山，在塔城。塔尔巴哈台东南百里，百里其水曰楚乎楚……"

步行于塔城街区，看到有关"楚乎楚"字迹的频率很高！

巴克图

我从塔城市驱车12公里，来到巴克图口岸，这是新疆离城市最近的口岸。

巴克图口岸作为陆路通商口岸已有两百多年历史，这里曾是中外商人云集之地和对外贸易的重要商埠。巴克图口岸对面为哈萨克斯坦共和国东哈州。

• 巴克图口岸（韩锦生 摄）

1992年巴克图口岸正式对外开放。1994年被国家批准为一类口岸；1995年正式宣布对第三国开放，成为新疆第三个向第三国开放的一类口岸。其他两个分别为霍尔果斯口岸和阿拉山口口岸。

为什么说巴克图口岸有两百多年的通商史？据资料查对，清乾隆二十九年即1764年，塔城边民与俄罗斯边民之间的商贸活动已经开始。

面对巴克图口岸，这里因疫情，冷冷清清。看口岸建筑，宏伟漂亮而庄重。国门哨所威武庄严，联检大楼很现代。

据工作人员介绍，巴克图口岸辐射俄罗斯、哈萨克斯坦8个州、10个工业城市，市场潜力大。

塔城，不愧为民族风情的博物馆！

阿拉山口：中国西部第一关

美丽的天山，醉人的天山，像一道绿色的屏障矗立在新疆中部。

从喀纳斯沿中国边境线一路南下，过吉木乃，穿塔城，直达天山脚下的阿拉山口。这是我第二次去阿拉山口采风。

阿拉山口处在博尔塔拉蒙古自治州，与哈萨克斯坦共和国接壤。"博尔塔拉"源于博尔塔拉河，蒙语为"银色的草原"。

这里有世界罕见的与恐龙同时代的活化石新疆北鲵，有亚洲最大的奇妙的怪石沟，有亚洲最大的白梭梭自然保护区甘家湖湿地，有著名的国门阿拉山口口岸，更有"西来之异境，世外之灵壤"之美誉。

博乐市是博尔塔拉蒙古自治州的首府，也是新疆建设兵团农五师所在地。在农五师，我采访了不少兵团的人，了解了他们的生活、工作情况。

我到阿拉山口是从博乐出发的。沿博阿公路走，直线距离为78公里，公路右侧是艾比湖，左方不远处是怪石沟。夏日，迎着和风从博乐市东行到达艾比湖，博乐火车站就建在湖边不远处。当问到百姓为什么火车站不建在距市区近一些时，一个个都说不清楚。对于博乐市的群众来说，乘火车出行非常不便，因为至少还有20公里路程。

• 途经艾比湖

● 欣赏山顶上的怪石沟

　　过火车站北行就是艾比湖，其湖的面积860平方公里，是由博尔塔拉河、精河、奎屯河的水汇集起来的。湖面的东南部是方圆百里的野生林木，有胡杨、梭梭和红柳，其白梭梭保存面积居全球之首。艾比湖盛产盐和芒硝，储量上亿吨，同时还产卤虫。卤虫价格昂贵，有"软黄金"之称。这里曾上演过"抢捞卤虫大战"，后被平息。卤虫是一种小型甲壳动物，生活在高盐度水域中，卤虫卵是高档观赏鱼、名贵虾蟹的良好饲料。卤虫是我国的稀缺资源，而艾比湖的产量在全国一百多个盐湖中名列榜首。站在湖边，看到退减的湖面，又有一种凄凉、萧条、苍茫之感。因为生态环境的破坏，这些年湖床干涸的面积逐渐加大，荒漠化速度飞快拓展，致使国道不得不改线，铁路中断，沙尘暴四起。可喜的是，州政府已做出治理的决定，在入湖口的几大河流上游实行退耕还林还草政策。

怪石沟又称"怪石峪"，在艾比湖西不远处，第一次去阿拉山口没有去怪石沟，这一次当我来到怪石沟，没想到一饱眼福，那遍沟遍野的奇石怪石比比皆是，形态各异。怪石有的像骆驼，有的像犀牛，有的像雄鹰，有的像猴群等动物，还有的像灵芝、蘑菇、山芋、土豆等植物。怪石沟东西长20公里、南北宽7公里，面积230平方公里。这里到处都是窟窿构造地形，有的凹下，有的翘起，有的扎下，千奇百怪，巧夺天工。据说，这里本是一片海底，经过亿万年风雨雪霜的侵蚀，经过千万年的沧桑巨变，造就了这一世界奇景。当地哈萨克族称之为"阔依塔什"，意思是"像羊一样的石头"。我想，这里应该列为"世界第八大奇观"，可惜没有专家和伯乐来考评。

从怪石沟返回再顺国道西北行半个多小时来到阿拉山口，"阿拉"在突厥语中为"花"的意思。阿拉山口在天山西麓阿拉套山与巴尔鲁克山接壤处，山口是个宽20公里、长90公里的通道，一头是我国的艾比湖，另一头是哈萨克斯坦的阿拉湖。它是西北风和寒流进入新疆的主要风口，单是八级大风每年平均170天。因为是山口的位置，中国伸向哈萨克斯坦的铁路和公路及管道就选在这里。这里是举世瞩目的亚欧第二大陆桥，是我国西部地区唯一的铁路、公路、管道并举的国家一类口岸，有"中国西部第一关""中国西部第一口岸"之称。1990年，中央领导为乌鲁木齐至阿拉山口的北疆铁路通车剪彩，于是兰新铁路北疆路与苏联的土西铁路在阿拉山口与对方德鲁日巴口岸接轨。从此，这条连接亚洲与欧洲的钢铁大道，架起一条新的陆桥。新亚欧大陆桥东起我国江苏的连云港，西出新疆的阿拉山口，终点为荷兰的鹿特丹港。在中国境内穿越六省区，出阿拉山口后穿越哈萨克斯坦、俄罗斯、白俄罗斯、波兰、德国和荷兰，全长10880公里，比第一条亚欧大陆桥少去1100公里。据悉，2021年阿拉山口口岸进出口贸易值达3054.5亿元，再创新高。

在写有"中国阿拉山口口岸"的大门口，一个边防战士接受了我的采访，并带领我参观。在一处墙体上，一行"祖国在我心中"的大字非常醒目，

● 阿拉山口口岸的边防战士介绍边关情况

这是战士们写上去的,目的是为了鼓舞士气。我绕过一个坡地,见到了中国界碑,这是中哈边界上的第277号界碑。站在界碑前,后边是祖国的热土,前方是哈萨克斯坦的地方,对面的戈壁、沙滩、大漠,在风的作用下扬起阵阵沙尘。德鲁日巴小镇就在眼前。

与阿拉山口口岸对应的是哈萨克斯坦国的德鲁日巴小镇,"德鲁日巴"在俄语中为"友谊"之意。这里只有一条主街道,两旁都是低矮的房子,但很古老,年代已久远。德鲁日巴镇七千多人,夹杂着许多中国边民,百里以外的哈萨克斯坦人赶到这里争抢中国货,货品多是食品、小商品和服装等。

据悉,阿拉山口过去为草场,在西汉、隋唐、宋辽至元、明、清,都是游牧民放牧之地,很少有人居住。通过建造口岸后,现已发展到三万多人口,周边企业公司三百多家。我们相信,在不久的将来,这里会更加繁荣。

阿拉山口,不愧为"中国西部第一关"!

阿拉山口,不失为"亚欧第二大陆桥"!

伊犁：新疆最美的地方

伊犁河，是新疆最美丽的河；伊犁水，是新疆最甜美的水。

不到新疆不知中国之大，不到伊犁不知新疆之美。

出博乐市沿赛里木湖，出现了果子沟。望着那盘山路、悬崖、飞瀑、深谷，观看那奇树、怪柳、香草，把人带进另一个神秘的绿色世界。果子沟谷地中有野葡萄、野山杏、野核桃、野柿子、野苹果等。由于山势险要、峡谷回转、峰峦耸峙、风光秀丽，古人赋诗赞"山水之奇，媲于桂林；崖石之怪，胜于雁岩"。

果子沟旁的薰衣草

当行至清水河附近，看到了遍野的薰衣草，那紫色的花丛、浓郁的香气、朦胧的花海、浪漫的摇动，让人醉倒。薰衣草是一种有很高经济价值和观赏价值的香料植物，是全世界最受欢迎的香草。薰衣草的起源距今两千多年，罗马帝国的全盛时期，皇帝和贵族习惯在薰衣草的水池中浸泡。伊犁的薰衣草是在深山中试种成功的。本来，我国不产薰衣草，主产在法国普罗旺斯、日本北海道和俄罗斯高加索。1994年我国从法国引种到伊犁河谷，这里独特的自然气候条件很适合薰衣草生长，逐渐大面积扩种，现已扩种到5万多亩，与法、日、俄并称世界四大产区。薰衣草还是爱情的代名词，忠贞的象征。薰衣草在西方十分受青年人特别是姑娘们的珍爱，因为它代表爱，是爱情的标志。

离开清水河小镇，继续沿伊犁河谷东行。清水河镇是一个三岔路口，西行15公里便是霍尔果斯口岸，对面是哈萨克斯坦，两国国界以霍尔果斯河为界，所立界碑为中哈边界第324号界碑。霍尔果斯口岸与红其拉甫口岸、阿拉山口口岸同为新疆目前向第三国开放的三大口岸之一。

• 伊犁林则徐纪念馆

"伊宁"在维吾尔族语中为"花"的意思，处在伊犁河谷中心，进入市区，好像进入花的海洋，在"花"城的相伴中，有很多看点，伊宁桥、清真寺、伊犁将军府、钟鼓楼、徐公馆等就在其内，给"花"城增加了亮点，添加了色彩，更加显示出"花城"的神秘和魅力。

沿着街中的千万鲜花，我来到"伊犁林则徐纪念馆"。林则徐抗英反成有罪，于1842年含冤被流放伊犁。他在新疆时，胸怀"苟利

• 路经赛里木湖

• 霍尔果斯口岸

国家生死以，岂因祸福避趋之"的崇高爱国主义信念，积极捐办皇渠工程，在天山南北大做水的文章，呼唤人们保护环境。

今天伊犁大地的好植被，应该与林则徐有关。我绕行独库公路到那拉提草原。独库公路险峻而壮观，为了修路，168名战士长眠于此，路是躺下的碑，碑是竖起的路！多么悲壮啊！在此，我采访了幸存者"感动中国"人物陈俊。陈俊1979年参军到新疆新源县那拉提参加独库公路修建，1980年4月前方部队被暴风雪围困遇险，陈俊等4名战士奉命前去救援，半路也被风雪掩埋断粮而生命垂危，其中两名战士饿死，他因班长一个馒头活

• 独库公路

• 蒙古包前话乡村振兴

了下来……"那拉提"蒙语是"有太阳"的意思。站在碧绿如画的草地，骤然把你带到神话般的世界，那蓝天、白云、青草、翠松、水流，纯净、原始、自然，心情一下子放松多了，感到世界上还有这么美丽的地方。那拉提草原三面环山，巩乃斯河蜿蜒流过，总面积 400 平方公里，海拔 1800 米。这样好的草原是经过长期培育打造出来的，特别是改革开放以来，那拉提地区的干部群众艰苦创业，精心管护，使得那拉提景区不断完美，目前日接待客人八千多人。与那拉提草原媲美的还有南边相邻的巴音布鲁克草原。在这里，我走到巴西里格村蒙古包前，向蒙古族群众了解当地历史文化和草原牧场的环境保护情况。村支部书记巴都说："我村在河北援疆干部的大力支持下，重点发展特色旅游、畜牧业，成功变成了富裕村。"

入夜，我住进当地建设兵团宾馆，听取了兵团办公室主任介绍，伊犁在历史上就是一个屯垦戍边的重地，在汉武帝时期就派出大量将士到伊犁河谷，开垦了大量的荒地，伊犁屯垦在西域时期最为盛行，"秦人以急农兼天下，孝武以屯田定西域"，从秦汉到清代至近代，我国对新疆屯垦历史跨越了上千年，而唯有中国生产建设兵团才定格在新疆，屯出了"边疆处处赛江南"。

那拉提草原（卢中昌 摄）

温宿：大漠中的一叶绿洲——神木园

披着早霞，我穿行克孜尔尕哈烽燧到温宿县城，再西行去观赏神木园之貌，这是我第二次前往。

天山主峰汗腾格里峰白雪皑皑，山脚下的戈壁沙石漫无边际。刚出县城，就被淹没在大漠中：茫茫戈壁，苍凉天空，一毛不拔。右侧的山丘上流沙不断，烟尘四起，就是这样一个环境，典型的戈壁沙滩地貌。汽车向西北方走出 60 公里，大漠沙石中出现一小块碧绿的小山丘，好似一块绿宝石撒落在荒芜的沙地中，反差非常明显。原来，那就是神木园，地处温宿县境地。

第二次去往神木园，路两边仍然是苍茫的戈壁沙滩

温宿县是个边境小县,西与吉尔吉斯斯坦相邻,北边是天山主峰汗腾格里峰,海拔高6995米,是天山最高的山峰。世上无奇不有,就是这个边境小县,在大漠戈壁中有一个神秘的绿洲——神木园,为世人所迷。

走近神木园,好像感到绿意袭身,让人舒适、清新、幽静,空气也显得湿润了。绿地不大,停车场却不小,相对景区门口处有上百辆小汽车停留,还有中巴、大巴等旅游车辆,说明神木园的吸引力多么大。

景区门口立着硕大的方牌,上面刻着"神木園"三个大字,下面的文字是描写园中古树的。

神木园是后人起的名字,其实维吾尔族语称"库尔米什阿塔木麻扎",为经人之地。走进园子,顿觉一种神秘之感,方才还是荒沙戈壁烂石滩,一下子就变得绿树参天满目春。世界真奇妙,环境如此截然不同,让人充分感受戈壁与绿洲的界线,如此之突然和明显。走在林间山路,树木有的直插青天,穿透云朵;有的横卧在地,犹如休眠;有的歪七扭八,恰如醉鬼;有的树空洞大,却绿枝满叶;有的像长蛇匍匐蠕动,有的似猴子伸腰,有的如腾飞的奔马,真是千姿百态,无所不有。在林间,根据每棵树的形状,还特意起了名字,写上标牌,什么"千年神树""母亲树""马头树""九龙搅海""还魂柳""千年箭杨""鳄鱼出潭""花瓶树""鹿角怪树""天山第一梨"等,其"卧龙"树占地达3亩之多,而一棵白杨树存活1080年。园中还有榆树、柳树、白蜡树、杏树等,最高的达86.23米,直径6.25米。

神木园为什么有这么多古树?我带着这个问题走访了管理人员,他说:"之所以有树,关键是园中有一口神奇的千年圣水泉,永不断流。因这口泉井,使得树木生存,一片绿意!"

园中不仅有神泉、古树,还有许多伊斯兰文化遗迹,什么"百年讲经坛""古墓群""古寺庙"等,看来时间已经久远。当询问一位园林工作人员时,她说这里确实已经很久远了,《温宿县志》都有详细记载,之后她又把县志有关内容复印件拿给我们看,以深入了解。

• 神木园门口红石碑上刻着"巨木赞"

    公元11世纪，沙特阿拉伯一名叫苏力塔库尔米什赛依德的伊斯兰教首领，带领两千多名教徒经印度到中国传教，受到当地人的抵制并发生冲突。当败退至此地时，大部分教徒战死，首领也阵亡，便埋葬在这里，形成一个占地600亩大的麻扎，其中呈圆形的最大一个是苏的墓地，虽年久失修，但仍保持着古老的墓式。周围树木则如神龙游动，屈折盘旋，贴地而伸，有的枝与根相连，分不清哪是枝哪是根。

    神木园中，年久失修的清真寺、历经风雨的百年讲经坛、古老的墓地，成了伊斯兰教徒追寻之地。据介绍，神木园旁的流沙河以及唐僧西天取经都和这里有联系，使神木园涂上一抹浓浓的神秘色彩。

    1994年，我国著名画家张汀采到这里，豪情满怀，感触极深，当场为神木园题写《巨木赞》诗文：

• 鹿角怪树

想巨木受日月之精华，得天地之正气，因生命之需求，不屈不挠，或死而复生，或再抽新条。风雷激荡，沧海桑田，念天地之悠悠，实为中华大地之罕物，民族精神之象征。

日落西山，月牙高照。回望那一叶绿色的神木园，再看看眼前的一片荒芜的戈壁，同一个蓝天，同一处大地，却出现不同的反差、不同的色彩，这不能不让人反思：大自然应该是公平的，但也应该认识到"人定胜天"！如若在戈壁上打井、引水呢？我们相信：戈壁一定会变成绿洲！

• 千年圣水泉

乌恰：去中国最西端的"西极村"

连日来，一直沿祖国边境线西线一路南下采风。我顺着天山山脉踏行，沿着塔里木河支流托什干河跋涉，向着中国最西部的乌恰县斯木哈纳村挺进……

同时还去伊尔克什坦口岸采访……

我已经去过了中国东极抚远市的乌苏镇，我也去了中国北极漠河县的漠河村。但是，我没有去过中国西极乌恰县的斯木哈纳村，这个地方在中国版图上为雄鸡的尾端。

去乌恰县边境必须办理边防证。办证需到乌恰县归属的新疆克孜勒苏柯尔克孜自治州政府阿图什市公安机关办理。

然而当我办证时吃了闭门羹，后得到支持，相关人员查看了我沿祖国边境线行走两个多月来，边走边写出的有关辽宁、吉林、黑龙江、内蒙古和新疆所发出的《跋涉边境　亲吻祖国》60多篇正能量文章。看了后，批准了，期限为三天。

· 中国—吉尔吉斯斯坦51号界碑

• 独具特色的五彩山

• 两山交汇处地貌

离开阿图什市，汽车飞奔，一路向西……

然而，这过程并不是那么容易！当进入乌恰县的地界，又被乌恰县的边境关卡要求进行核酸检测，这时候，工作人员李国杰同志把我带领到核酸检测点，并详细登记了我的地址和手机号码，复印了身份证。之后，李国杰对我说："你先去边境线西极和口岸吧！如果检测出问题通知你，不通知就是没问题。"

在此，我做完核酸检测后，才把放行的杆子抬起。

我好不容易才通过乌恰县城。

从乌恰县城去斯木哈纳村还有153公里路途，在司机兼向导付兴红先生的带领下，向"中国西部第一村"进发……

脚下的公路，与克孜勒苏河并行西上。

"克孜勒苏"在柯尔克孜族语中是"红水"的意思，发源于塔吉克斯坦和吉尔吉斯斯坦，流经喀什进塔里木盆地。

汽车飞速前进，过康苏隧道、边境检查站，左边出现一座五彩山。望着那美丽的山体、规则化的山皱、亮丽的颜色，叫"五彩山"名副其实。

乌恰是新疆克孜勒苏柯尔克孜自治州（简称克州）的一个县，西北部与吉尔吉斯斯坦接壤，处在天山南麓、帕米尔高原北部，乌恰是一个边境县。

• 沿途时有水草牛羊

• 西陲第一乡

• 走出西部第一食堂

"乌恰"是柯尔克孜族语"乌鲁克恰提"的简称，意为"大山沟分岔口"，因为克孜勒苏河谷在该地分岔成三道沟而得名。

汽车颠簸了一下，我这才发现左边出现了一座巨石雕，上面刻着"天山昆仑山交汇处"。原来这里是一个观光点。站在这里眺望，地理特征非常明显，天山山脉在此处呈驼色，东西走向，昆仑山在此处呈紫色，西起帕米尔高原。一眼望两山、脚踩两地欣赏世界级山系风貌，感受万山博物园，品味造山运动。途经天山昆仑山交汇地貌时，我特意下车拍照，留下记忆。

汽车又继续前行，穿越冰河1号明洞，路牌上显示距"吉根乡"还有20公里。

乌恰县不仅拥有"中国西部第一乡"的美称，还有"中国西部第一县""中国西部第一村""中国西部第一哨"等美誉，境内还拥有两个国家一类口岸即伊尔克什坦口岸和吐尔尕特口岸。

汽车在飞奔……

随着地形的增高，海拔也逐渐增高，视野中的景象也随着海拔的提高而变得荒凉。

行车中，突然路边出现了一块巨石，上面写着"西陲第一乡"。

原来吉根乡到了。路边，有"西部第一食堂""西部第一学校"等标识。

在此，我特意采访了著名护边员布茹玛汗·毛勒朵。这是一位柯尔克孜族老大妈，19岁成为一名护边员，五十多年来一直踏行在边境线，在十万多块石头上刻下"中国"二字。2019年被授予"人民楷模"国家荣誉称号。

出吉根乡后转为西北方向走，海拔提升为三千多米，接着进入一个峡谷。

这个峡谷一边是克孜勒套山，一侧是柯尔克昆盖依套山。因为海拔高

·作者与布茹玛汗·毛勒朵一起观看护边录像刻"中国"石

·精心刻下的"中国"石

　　的原因，大峡谷十分荒凉，且很险要。只见那刀劈的山石、悬空的陡壁、巍峨的峰顶、耸峙的石壁，真是怪石林立、峋岩交错，望而生畏。

　　汽车大约又驶出十多公里，才把峡谷甩在后边。此时，路边又出现一巨石，上面刻着"中国西极"四个大红字。

　　又翻过一座山梁，斯木哈纳村（又称斯姆纳村）出现在面前。

　　村南是山，村北是河，孤苦伶仃一个庄子。看惯了内地的村庄，郁郁葱葱，鸟语花香，荷塘月色；而面前的村庄是土地土墙、土院土路、土街

• "中国西极"石标

• 受邀"西部第一校"传承红色基因

土巷，村后是土山秃岭、土丘土岗、土坡土梁，一阵风吹来，尘土飞扬，沙土四溅。

这就是斯木哈纳！

这就是"中国西部第一村"！

多么好听的名字啊！殊不知满目荒芜、悲凉，没有一点点春意。我想，中国东极抚远春意盎然，中国北极漠河柳暗花明，而这里却是穷山恶水。

此时，心里又在想：文章都是写出来的，为什么没有人在这里做一篇大文章呢？试想，美国的拉斯维加斯，这个赌城专门建在荒无人烟的大漠中，就是让习惯了绿意的人找这种反差："绿色"与"荒芜"的反差，"热"

与"冷"的反差,大漠与草原的反差。

抓住人们的心态,做反差的文章,也是一种宣传方式和技巧!尽管这里偏远,但愿有头脑的人来做做这篇大文章,把"中国西极""中国西部第一村"做足、做透!

"斯木哈纳"处在东经73°38′,北纬39°42′,与北京时差近4个小时。一位村民介绍说:"我们村是全国最西边的一个村庄,是我们祖国最晚见到太阳升起的地方,也是最后把太阳送走之地,与北京有半天的时差,也就是说这里吃早饭时,北京正吃午饭;北京人已入睡,这里太阳高照。我们全村有三十多户人家,共二百二十多口人,均为柯尔克孜族人。"

据悉,柯尔克孜族是中国古老的民族,大都在乌恰县范围内。他们有自己的文化,还保留着特有的风俗习惯。

• 远眺斯木哈纳

- "中国西极村"标

柯尔克孜史诗《玛纳斯》中描述:

这是沿着阿拉套山迁徙的人们,这是在层峦叠嶂里成长的人们,这是用雪水洗尘涤垢的人们,这是用冰刀剪断脐带的人们,这是餐冰卧雪习以为常的人们,这是在风刀雨箭中游牧的人们。

诗文还比拟"山是柯尔克孜的父亲,水是柯尔克孜的母亲"等,颂扬英雄的游牧生活。

我在村民的家中做客时,了解了这里的经济状况。

这里处在戈壁沙滩,村中只有口粮田,种玉米、青稞。牧羊是当地人的传统,目前全村有羊三千多只。随着改革开放,柯尔克孜人的观念也变了,不少人去邻近的伊尔克什坦口岸开饭店、办旅馆。

走出村庄后,我去伊尔克什坦口岸和边防哨所采访。

我首先来到伊尔克什坦口岸广场。

这里冷冷清清,不见一个人影。原来,这里因疫情,闭关了!这时,我偶见一位工作人员,他叫赵卫红,是河南人。小伙子很热情,向我介绍了这里的情况。

伊尔克什坦口岸曾经叫斯木哈纳口岸,是中国最西部的口岸,历史上就是丝绸之路的大通道。

我站在这里,最醒目的是二层楼上面写着的"中华人民共和国伊尔克什坦口岸",墙上挂有大钟表和国徽,楼前巨石上刻有"西部雄关"大字。

旁边还有一座背倚山岭的"中国海关"大楼,门上写着"西部第一关"。

我向前走了几步,目光中的岗楼上写着红字"西陲第一哨",背面山坡上写着"祖国在我心中"六个大字。

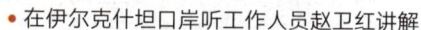
• 在伊尔克什坦口岸听工作人员赵卫红讲解

我与赵卫红交谈时得知,当初这里环境非常恶劣,周围一毛不拔,寸草不生,没有生存条件,边防战士很寂寞。后来,班长发现哨所不远处的山脚下孤单单地独立长着一棵树,产生联想:既然这棵树能生存,边防战士就能扎根。于是,他们在这棵树下立下一个牌子,写上"扎根树"。同时,又发动边防战士在周边种树、种草、挖河池,把哨所绿化的像公园一样。

边防战士不仅在哨所岗楼上站岗放哨,还守护着中国界碑。

这里的界碑为中吉边界第77块界碑,站在界碑前眺望远山,历历在目,可见边界铁丝网,可见苏联时期立起的拱门和石碉堡,可见吉国士兵巡视的身影。

这里海拔为3100米,高处不胜寒,只见这里的工作人员都穿着棉衣,眼下是秋天,那冬天怎么办?

这时,我把目光转向国门。

赵卫红隔着国门指着对面的吉尔吉斯斯坦国土说:"这里距吉国奥什约200公里,距离与我国的喀什相当,两个小时的车程到达。奥什市是吉国第二大城市,也是奥什州的首府,但不管是经济条件和环境条件都要比喀什差很多,特别是商品供应比较紧张,大多是通过伊尔克什坦口岸从我国喀什进口,多是中国的服装、电器、瓷器、五金、大米等。来中方的汽车多是空车,去吉方的汽车多是满载。"当我正与赵卫红交谈的火热时,忽然一阵大风,骤然寒气逼人。我连忙返回,然而,顿感热流在心。

在乌恰县边境,我还去了吐尔尕特口岸,建造的也很壮观、宏伟。

走吧,用双脚丈量我们亲爱的国土!

敬礼,用双臂拥抱我们伟大的祖国!

• 吐尔尕特口岸

喀什：老城区·清真寺·香妃园

喀什老城，每天 10:30 举行开城仪式，唱歌、跳舞、热闹非凡……

老城满是泥墙、泥房、泥屋、泥门洞，全是土黄色的。走在窄小细长的小巷子里有强烈的压抑感，感受这座古城两千多年的沧桑历史。老城占地 4.46 平方公里，人口密度超上海。我边走边看脚下的砖路，六角砖的路是互通的，小长条砖路是走不出去的，小巷拐七拐八太多，聪明的维吾

多姿多彩的节目表演

族人才想了这个招数。尽管这样,外来人常常迷路。当我拐进一家住户,看到院子很小,住屋却很大,屋内装饰的满满当当,两面墙上挂着华丽的壁毯,上面绣着石榴和方格,既古朴又典雅,据说这是财富的象征。更引人注目的是墙上镌雕的壁龛,上面摆放着鲜花、瓷盘、瓷碗,很有生活气息。最为突出的是屋内的大土炕,占据了多半个屋子,炕上铺着老羊皮、羊毛毯和花毯,侧面摞起的被褥足有一米高,坐在炕上的妇女正在制作花帽。维吾尔族人绣花帽是喀什地区最盛行且最有特色的民族服饰,多种多样,异彩缤纷。

喀什艾提尕尔清真寺举世闻名,"艾提尕尔"意为"节日活动场所",始建于1442年。清真寺距老城不算太远,来到寺前看到成千上万的人聚集在广场,有闲聊的,有下棋的,有叫卖的,有唱歌的,有跳舞的,十分热闹。清真寺坐落在绿树丛中,寺门用黄砖砌成,石膏勾缝。门两旁是半嵌在墙壁里的砖砌圆柱,柱顶是用来召唤穆斯林做礼拜的塔楼。当我走进寺

• 当地人介绍今天的幸福生活

● 参观历史建筑清真寺者络绎不绝

院，看到栽满院落的大树，阴凉下不少人匍匐在地祈祷平安。院落由礼拜堂、教经堂、门楼、水池等组成，直向前走是正殿堂，分内、外殿和棚檐三部分。平常日子，这里每天有三千人做礼拜，星期五达六七千人，每到节日高达三万多人。艾提尕尔清真寺是中国最大的清真寺，也是我国古代维吾尔民族创建的历史瑰宝。

香妃园为喀什的第三大看点。阿巴克霍加是伊斯兰教白山派的首领，曾经夺得叶尔羌王朝政权，接受过"大地统治者"的称号。阿巴克霍加及其家庭五代人长眠在巴格乡浩罕村，距今有360多年的历史。

出喀什市不远，一座金碧辉煌、五彩斑斓、耀眼夺目的建筑耸立在眼前，这就是驰名中外的香妃园即阿巴克霍加，为新疆最有名的维吾尔族精美古建筑物。阿巴克霍加中更因长眠着阿巴克霍加的后裔香妃而名扬于世。

• 香妃陵

　　香妃名容妃，维吾尔名为"伊帕尔汗"，家住叶尔羌，14岁时被选入宫，因其身上有一股香气而被称为"香妃"，成为乾隆皇帝的妃子，甚得宠爱。因香妃在此安眠，为此这里也叫"香妃墓"。香妃作为一个维吾尔族人十分爱国，她曾支持哥哥图尔都反对割据的主张，并赞同叔叔配合清军平息新疆叛乱，为此香妃在天山南北享有很好的名声，人们赞扬她为了民族的团结做出了贡献，和出塞昭君、进藏文成公主相提并论。

　　喀什的伟大学者、重要的历史人物莫过于维吾尔族诗人玉素甫·哈斯·哈吉甫，11世纪20年代生于巴沙拉衮城，今吉尔吉斯斯坦的托克马克附近的名门世家，青年时期在喀喇汗王朝东部喀什噶尔皇家学府上学，他用古回鹘文写成一部长达一万多行字的叙事诗《福乐智慧》，这部书成为研究喀拉汗朝的重要史料。

　　《福乐智慧》手稿迄今尚未发现，目前传世的三个抄本分别来自维也纳本、开罗本和纳曼干本,这部长诗被国内外史学界视为珍宝。

  漫步在喀什的大街上,引发许多思考和联想。今天西部疆域,有援疆干部、支边青年、军垦战士,他们为边疆的发展、民族的团结做出了贡献。而历史上出使西域的同样有不少志士。

  在喀什,不能不想到班超。班超出使西域达30年之久,留下了可歌可泣的英雄壮歌。追寻班超,要到盘橐城班超纪念公园。公园门前,首先进入视线的是门额上的大匾"盘橐城"三个大字,苍劲有力、古朴雄浑、庄重丰厚,这里记述着班超万里迢迢西行喀什的艰辛步履。

  班超生于公元32年,字仲升,东汉咸阳人,自幼"为人有大志",40岁时毅然投笔从戎,随汉将窦固大军西征。在天山北大战中崭露头角,最终完成了统一西域的宏伟大业。他60岁时被东汉政府提升为"西域都护",赴龟兹库车上任,直至公元102年卸任返京。

● 班超城

● 喀什作为历史文化名城吸引了全国各地游客。

班超纪念公园内建有 3.6 米高的班超全身塑像，1.9 米高的三十六勇士雕像整齐地排列在班超像前两侧，威武雄壮、气宇轩昂。公园还建有城墙、烽火台、浮雕墙等，园内芳草萋萋、绿树葱葱。游园登览，缅怀先辈，有一股豪情充溢胸间。

随着岁月的流逝，古城堡早已颓圮，但班超抗敌卫国的形象将永远屹立，班超的名字将永远闪光。现在，无数有识之士继承班超的事业，"敛衽事边陲，自逐定远侯"，为西部开发献策献力。

"喀什"是"喀什噶尔"的简称，为突厥语"玉石"之意，噶尔为"城市"或"集中之地"，汉代是"疏勒国"，唐朝设疏勒都督府，宋时为喀喇汗王朝的首都，宋元后"疏勒"改名为喀什噶尔。

喀什有古老的神韵，有宗教气氛，是维吾尔族文化的发祥地，民族风情十分浓重。喀什是新疆维吾尔自治区唯一的一座中国历史文化名城和 5A 级人文景区，也是最有新疆特色的城市。为此有人说"没到喀什，就不算来过新疆"。再者，喀什是古丝绸之路南、北、中三道交汇处，从这里越过帕米尔高原，可通印度、西亚和欧洲，被誉为"丝路明珠"！

喀什，一座别具民族特色的古城！

塔什库尔干：
去《冰山上的来客》拍摄地

冰的山……

冰的峰……

汽车在冰山下行驶，向着电影《冰山上的来客》拍摄地新疆西南端帕米尔高原上的塔什库尔干县行进……

汽车内不断播放电影《冰山上的来客》主题歌《花儿为什么这样红》——

▲ 帕米尔高原上的葱岭

花儿为什么这样红?

为什么这样红?

哎红得好像,

红得好像燃烧的火,

它象征着纯洁的友谊和爱情……

我是从喀什出发的。路标：塔什库尔干 226 公里，红其拉甫 353 公里。

开始，草木金黄，一片秋色。接着，植被逐渐减少，凄凉慢慢出现，地面节节抬高，海拔随之提升。

屹立在帕米尔高原的塔什库尔干，还很遥远、遥远……

靠近接壤喀喇昆仑山的红其拉甫，更在天边、天边……

赏吧，帕米尔高原袒露宽广的胸膛在欢迎！

看吧，葱岭众山峰举起粗壮的臂膀在招手！

"塔什库尔干县"全称"塔什库尔干塔吉克自治县"，与塔吉克斯坦、巴基斯坦、阿富汗三个国家相连。"一县邻三国"是一大特色。该县有"帕米尔高原上的一颗明珠""彩云上的人家""世界屋脊上的居民"等多种美誉。

"塔什库尔干"曾有"葱岭""蒲犁""羯盘陀"的美称，当地语意为"石头城堡"。塔吉克族是一个少数民族，高鼻梁、深眼睛、白皮肤，传说是西方和东方男女结合的后代，还有一说是欧罗巴人后裔。

眼下这条路既是古时候的"丝绸之路"，也称"葱岭古道"。

汽车在加足马力……

当爬上帕米尔高原时，海拔升至三千多米，眼前出现又一高原景色，那高山、谷地、草甸、湖水、白云、蓝天，很像一幅油画。

"帕米尔"是塔吉克族语"世界屋脊"之意，中国汉代称之为"葱岭"，因野葱而得名。帕米尔高原地理上所处的位置在亚洲中部，位于中国、塔

● 美丽的白沙湖

吉克斯坦和阿富汗的边境上。它汇集了喀喇昆仑山、天山、兴都库什山等五大山脉,看起来群山起伏、逶迤连绵、雪峰耸立,号称亚洲屋脊。其实,帕米尔不是一个让人想象的平坦的高原平面,而是由上述几组山脉之间宽阔的谷地和盆地构成,以高山深谷为特征,有"万山之祖"和"万水之源"的美誉。

为此,引来不少古往今来的文人墨客,留下许多传记,其中有马可·波罗、唐玄奘、宋云和法显和尚等,所留下的记载有《穆天子传》《大唐西域记》《汉书·西域传》等,陈述了"葱岭古道""丝绸之路"的兴衰,留下灿烂的遗迹……

汽车又在加油……

过盖孜边境检查站、公格尔隧道,到达白沙湖。

● 在牧民家中畅谈牧业发展

我站在白沙湖边,感觉空气凝固了!看着那平静的湖面,眺望那远处的雪山,大自然实在太美了!美的简直不知用什么词来形容,站在这里一步也不愿离去!

再向湖的南岸看,是星星点点的白色帐篷,增加了活力,原来这里是布伦口乡。在此,我走进柯尔克孜族牧民麦合皮热提·阿卜杜许库尔家中做客,他说自家牧场养有20头牛、30只羊,牛羊吃的全是天然的、没有任何污染的牧草,在此感恩祖国,感谢党。

收起目光,汽车继续南下……

窗外,同样风景这边独好!

大约走出30公里,海拔升至3600米,迎面又出现一片美丽的湖水,在蓝天、白云、雪山之下泛着光,水天一色,十分诱人。原来,这是著名的喀拉库勒湖,又称喀拉库里湖。

"喀拉库勒"在柯尔克孜语中是"黑湖"之意,当地百姓又叫"变色湖"和"神湖"。每当早晨之时,湖中五光十色,洁如明镜;日到中午,游鱼滚翻,巨浪满天;日落时分,晚霞倒映,时而变红、变黄、变蓝;每到乌云密布,湖水变黑,油亮似铅,千奇百怪,变幻莫测的湖水引前来观光的人们竞折腰。这里有草原、羊群、毡房和放牧的游牧民,给湖区增加了动感。

喀拉库勒湖水面10平方公里,位于公格尔峰、公格尔九别峰和慕士塔

• 慕士塔格峰下的喀拉库勒湖

• 白雪皑皑的慕士塔格峰

格峰之间的苏巴什草原上，被夹在布伦口和苏巴什山口中间。湖边立有"喀拉库勒湖""冰山之父慕士塔格峰"的标识，攀登慕士塔格峰的大本营就设在这里。

　　欣赏喀拉库勒湖之后，又前行半小时，来到慕士塔格峰山脚下。看吧！那皑皑的白雪、那道道的冰川、那升腾的雾气、那飘动的云朵，组成一幅纯净的雪山画卷！

　　慕士塔格峰海拔 7546 米，因地势高、气候冷，终年峰顶覆盖着厚达上百米的冰雪，发育成大规模冰川，呈射状分布，形成 128 条大小冰川，面积达 377 平方公里，总储水量 250 亿立方米，是一座天然的巨大的冰体水库。冰峰的吸引力，曾引来英国、俄罗斯和中国的登山爱好者。据悉，"冰

• 雪山下的卡拉苏口岸

川之父"是19世纪英国探险家赫定看了慕士塔格峰冰川之后送称的名字。

看雪峰，体味祖国的江山。这一带皆是雪山、雪地、雪沟，成了一个冰天雪地的世界。此地距塔什库尔干县城还有67公里。

继续前行10公里，到达卡拉苏口岸。在此下车，我进行深入采访。因为这是今天采访的主题之一，即边境口岸。

经过和口岸工作人员交流，才知道了卡拉苏口岸的前前后后。

与塔吉克斯坦接壤的卡拉苏口岸，在不远处。"卡拉苏"在塔吉克族语为"黑水"的意思，处在西昆仑山和萨雷阔勒岭之间山前平地，海拔4368米。眼帘中的"中华人民共和国卡拉苏口岸"字样很显眼，与蓝天白云形成鲜明的对比。卡拉苏口岸距塔什库尔干62公里，距塔方边境城市穆尔加布90公里，为中国对塔吉克斯坦开放的一类陆地口岸。

口岸承担着对塔吉克斯坦、阿富汗乃至俄罗斯等国家的物资运送，起到了连接欧亚大陆桥的作用，自2004年开通以来，商贸交流运输非常火爆。

塔方为阔勒买口岸。国界碑在中方卡拉苏口岸和塔方阔勒买口岸之间的铁丝网处，为中塔边界上的第83号界碑。

离开口岸，汽车又上路了。当翻过几个山口后，进入塔什库尔干河谷，海拔骤然降至3100米，满眼植被闯入眼帘，尤其是大片大片的草原、牧场、沼泽、草甸，还有郁郁葱葱的树林，与刚才的满目荒山、荒地、荒丘形成鲜明的对比，好似变换了一个世界。

有水有草，人会宜居。

这个地方叫塔合曼，距离塔什库尔干县城还有35公里，红其拉甫158公里，这里有个观景台，写有"雪山低头迎客来"字样。

接下来是"曲曼检查站"，在这里审核检查边防通行证。此地写有"古丝路重镇""中巴经济走廊第一城"的标牌，对面山坡上写着"红其拉甫海关向党献礼"大字。

● 塔合曼观景台

正当赏阅这里的地貌之际,忽然一座古堡出现,而且显得非常古老。经寻问,那是著名的石头城。

我攀山而上,考察这座山丘上的石城。从外观看,石城还显雄伟,但从城内看已经破败,到处是石头瓦砾、残垣断壁。站在砖瓦上,还能见到零散的炮台、民居等,透过古遗址上的尘埃,还能想到当年的兴盛和繁华。

据解说员介绍:"石头城文字记载已有两千多年历史,是我国三大石头城之一。汉代时,这里是西域三十六国之一的蒲犁国的王城,唐朝统一西域后,设葱岭镇和守住所,元朝初期扩建城郭,使石头城大放异彩。光绪二十八年,清朝在这里建蒲犁县。经过测量,外城方圆 3600 米,内城周长 1285 米,这里曾出土过唐代钱币及和田文书等。"

为什么在此建石头城,解说员接着说:这里是古代丝绸之路上的一个驿站,喀什、叶城、莎车至帕米尔高原的几条山路均汇集于此,是通向红其拉甫、明铁盖、瓦赫基里等山口到中亚的通道,地理位置和战略地位非常重要。

● 神秘的石头城

• 《冰山上的来客》拍摄地标识

我站在石头城，有一种沧桑感，我们的先民在那样艰苦的条件下能建出这么宏大的石头城堡，不能不让人感叹！

出石头城不远前面是喀什库尔干县城，我第一眼见到的是县城边上一座形似帽子的高塔。

当进入县城道口时，街头竖立的两块巨石图画引人注目，图画下写有"冰山上的来客"。这就是为宣传当年拍摄电影《冰山上的来客》拍摄地而立的。凝望着这两幅巨画，让我不由自主地想起了电影主题歌《花儿为什么这样红》《怀念战友》……

县里的工作人员向我详细介绍了当年拍摄电影去了该县的冰山、雪峰、冰沟等很多地方，都成了参观的景点。

走在大街上，最突出的地标是矗立在街心广场的鹰雕，直上天空，象征塔吉克族人民的勇敢。

沿街而行，这个小县很有异域风情的味道，民族特色、边境情调很浓。街道两边的楼房，"帕米尔"三个字的出现频率很高，什么"帕米尔宾馆""帕

• 雪山脚下的塔县县城街心广场地标——鹰

• 走进塔吉克族人帐房听客家故事

米尔酒店""帕米尔饭庄"等，还有不少"帕米尔"标识，如"帕米尔矿泉水""帕米尔玉石""帕米尔石雕"等，充分显示了这是颗坐落在帕米尔高原上的明珠！

午饭，做客塔吉克族人家帐房，了解这个边境县的情况。

境内有海拔8611米的世界第二高峰乔戈里峰、"万山之祖"帕米尔高原、"冰川之父"慕士塔格峰、唐代高原建筑公主堡、中国三大石城之一的石头城、风光秀丽的喀拉库里湖、新石器时代文化遗址香宝宝古墓群、盘龙古道等。所以，这里诱惑力很大，偏远、偏僻，也是一种资源。

该县的红其拉甫口岸也很有吸引力。出县城向南80公里处，在一个名叫卡拉其古的地方，出现三岔路口，其中一个分叉拐向西去。这条路是通向阿富汗的唯一通道，是有名的瓦罕走廊。

瓦罕走廊长400公里，其中一百多公里在中国境内。狭长地带北部为塔吉克斯坦，南部为巴基斯坦，西端阿富汗，东端为我国。从这里开始中国版图像个舌头一样伸向阿富汗，最窄处只有两公里，古丝绸之路也是在此分开的，向西沿瓦罕走廊经科克吐鲁克到阿富汗和中亚，往南经红其拉甫到巴基斯坦和南亚次大陆。

这个地方看起来不起眼儿，却是个交通要道。此地设有一个边防检查站，所有过往车辆和行人都要受检，特别是西去瓦罕走廊方向的更为严格。因为战略位置和地理位置的原因，又是塔吉克斯坦、阿富汗、巴基斯坦与中国四国的交汇处，所以检查严上加严。

在瓦罕走廊入口处的明铁盖峡谷，有个公主堡古遗址。

公主堡坐落在山顶上，背靠皮斯山岭，面朝塔什库尔干河，河源在阿富汗境内。传说这就是《大唐西域记》中汉族公主居住的地方。

瓦罕走廊内有13处通向境外的山口，内有不到百户人家，约有300人，为少数民族。

瓦罕走廊尽头与阿富汗交界处，是一道铁丝网和一扇铁栅栏门。

盘龙古道

红其拉甫口岸

返回三岔路口，向南一个多小时的路程，到达红其拉甫。

在边关口岸，要经受头痛、心慌、腿软、气短的考验，这里海拔4700米。

"红其拉甫"在当地语中意为"血谷"，意思是"危险不宜过去"，这个名字放在这样恶劣的中巴边界再贴切不过了。这样高的海拔，不法分子越境不用说跑，走快恐怕都困难。站在山口眺望：凝固的雪山、冻结的冰川、沉寂的山梁，没有一点生机。

在口岸，边防战士们身上穿着厚厚的棉衣、棉鞋、棉裤。可见，这些战士将怎样与冬季严寒抗争。

界碑在三公里缓冲区的正中间地带，界碑显得庄严厚重，上面的国徽非常突出，这是中巴边界界碑。

当双手抚摩着冰冷的界碑时，心里却想到祖国的温暖，这种感觉只有在这个时候才能感觉到……

祖国的安宁不能离开我们的边防战士，他们风餐露宿、战寒斗雪，为的是国家的安全、人民的幸福！

在这里，还有一位传奇人物，名叫拉齐尾·巴依卡，他是红其拉甫边防部队义务巡逻向导、提孜那甫村的护边员，他长年累月为战士们带路，付出了巨大的代价，誉为"帕米尔雄鹰"，被评为全国爱国拥军模范。

塔什库尔干，遥远漫长的边境线，人迹最难到达之地……

诗在远方，那里有无尽的传说、故事和风光……

峰回路转。

再见了，塔什库尔干！

返程中，汽车内又响起了《冰山上的来客》主题歌《怀念战友》——

天山脚下是我可爱的家乡，

当我离开它的时候，

好像那哈密瓜断了瓜秧……

叶城：人物雕·零公里·叶城塔

从《冰山上的来客》拍摄地塔什库尔干县城到叶城的直线距离为200公里，而喀什到叶城的距离为260公里。叶城，太偏远了！

叶城为叶尔羌的简称，因叶尔羌河而得名。叶尔羌系突厥语，释为"土地宽广"。叶城与巴基斯坦、印控克什米尔地区接壤，边境线长八十多公里。

《冰山上的来客》人物雕像

人物雕

来到叶城县，很有意思的是叶城与电影《冰山上的来客》也有关联。影片中两处人物对白，都说到叶城：

"新娘子是什么地方人？"

"远啦，叶城！"

"朋友，从哪里来？"

"叶城！"

两句对白，让叶城人动心，并把它作为一个宣传突破口，让更多的人知道这个偏僻遥远的叶城。于是，叶城人在叶城车站广场竖立了一座雕像，雕像就是《冰山上的来客》中的两个人物阿米尔和古兰丹姆。

提到《冰山上的来客》，说到电影中的这两个主人公，有些人可能不太清楚。然而，《花儿为什么这样红》一度唱遍祖国大江南北！

"花儿为什么这样红？红的好像燃烧的火，它象征着纯洁的友谊和爱情……"多么有诱惑力的歌词啊！

耸立雕像！让红花、友谊染透这片热土，这就是叶城人的初衷……

让更多的人知道叶城、了解叶城、认识叶城，何止一座人物雕像呢？

零公里

"零公里"！这，又是叶城人的杰作！

大家知道，我们国家有数十条国道，每条国道都有起点。然而，唯独始于叶城 219 国道新藏线起点设置的"零公里"标志最有特色！它作为一

• 零公里处的天路彩门

个景点向全国乃至世界推介。

当我来到"零公里"处的"天路彩门"时，放开眼帘：那悬空的门顶，那粗壮的横梁，那巨大的"0"数，还有两侧分别写有的"天路零公里""昆仑第一城"的巨幅大字……看了，让人倍感震撼！

旁边，在"新藏零公里"塔座上飞起旋板中间绿色高柱上写的"从这里走向世界屋脊"字体，同样令人联想翩翩……望着，太有穿透力了！

眼前这醒目的字句，一下子把您带入天路上的昆仑山、喜马拉雅山、青藏高原、世界屋脊……

这时，我询问当地的向导张先生，他说："天路彩门高13米，门孔内6车道宽。"

当问及两行题词时，张先生说："出自著名学者余秋雨之手！"

我想：这不单单是个标牌，这是文化啊……

据介绍，新藏公路全长2143公里，是世界上海拔最高的公路之一。

我站在"零公里大道"，感受昆仑山下的古城，感受大漠沿上的边境县，感受改革开放中的叶城人……

叶城塔

离开"零公里",我来到叶城县城的中心大道,这里屹立着一座直插云天的深红色叶城塔。看吧,塔的四面墙壁分别镶嵌着"中国歌舞之乡""中国石榴之乡""中国核桃之乡""中国玉石之乡"金色的立体大字。塔顶,摆放着核桃、石榴、玉石的标本。

叶城塔!再次显示了叶城人的宣传和开放意识!在县城,我的眼球从叶城塔转向清真寺旁边的农贸市场。

哇!这里的农贸市场太大了!农产品柜台一排又一排,摆满了此地盛产的核桃、石榴、大枣、葡萄、蟠桃、桑葚、黑叶杏干、西瓜等,简直是眼花缭乱,应有尽有……

叶城是南疆著名的瓜果生产基地,其中,薄皮核桃、石榴驰名中外。为此,2018年,入选中国特色农产品优势区名单。名气出去了,引来很多购买者。这里设有批发市场、快递邮寄、物流转运,每天有成千上万的人来抢购。

农产品外出,运往祖国各地。这不能不说与叶城人的超前意识和聪明头脑有关系!

说到叶城的特色林果,离不开援疆干部,包含着支边青年的心血和汗水!就这个小小的、遥远的边境县,全国有数百名支边青年和援疆干部在这里默默奉献。其中,上百名河北人是从20世纪60年代来到这里支边的。这些燕赵之子为边疆的建设发展,献了青春献子孙,献了子孙献终身……

我经过在当地广泛了解:叶城广播电视局的寇建新是河北邯郸邱县人,她和她的爱人赵冀鲁都是第二代支边人了。为什么叫赵冀鲁呢?赵冀鲁的父母分别是来自河北和山东的支边青年,孩子出生后,取名时分别带一个省的代号或者简称即"冀"和"鲁",每当叫儿子"赵冀鲁"的名字时,就

• 叶城大巴扎繁华的瓜果市场成了人们闲暇好去处

• 叶城塔

想到了自己的故乡、自己的父母和父老乡亲们……

可以想象，我们的支边青年当初是多么思念自己的家乡啊！他们何尝不知道依偎在父母身边的温暖啊！可是我们的支边青年，为了祖国，为了祖国的边疆建设，毅然决然背起行装就出发：到边疆去！到祖国最需要的地方去！到祖国最艰苦的地方去……

赵冀鲁在叶城县林业局工作，一直从事林果技术，搞果树嫁接、品种改良、换代育苗，为全县的核桃、石榴生产研发，投入了毕生的精力……

河北的还有石家庄的金珍夫妇、容城的符文夫妇等！这些燕赵儿女把青春年华全部奉献给边疆建设。他们有多少酸甜苦辣？又有多少艰难困苦？

在茫茫的戈壁沙滩，有他们耕耘的足迹；在塔克拉玛干大漠，有他们锁风沙的身影；在喀喇昆仑山下，有他们栽种的绿色……如今，他们新栽的林果已经成林，他们嫁接的老树已经焕发生机，他们种植的瓜果已创高产……

冬去春来，春种秋收。昔日，一个个活蹦乱跳的小青年儿，如今已经白发苍苍、老态龙钟，还有的已经过世，永远长眠在了昆仑山下……

抛家舍业，献身边疆，而他（她）们的父母呢？

起初，一位支青当她的母亲去世而不能回去奔丧时，她双腿跪在大漠沙丘上痛哭失声："妈妈！女儿为您送行，您一路走好……"

我们怎能不为这些献身祖国边疆的中华儿女而动容呢！在新疆，援疆的何止一个叶城呢？我在若羌传承红色基因时，宣传部长刘红说："今天新疆人民的幸福生活来之不易，离不开党，也离不开援疆干部支持！"

在大漠人家交流今天边疆人民幸福生活来之不易……

三十里营房：兵车新藏路

昆仑山上的红日破晓而出，茫茫雪峰披上银光；叶尔羌河泛着粼光，静静地流淌……

在叶城，我启程新藏公路零公里，沿新藏线219国道，向昆仑山行进……

窗外：远眺可见喷吐火焰的油井，浩瀚荒芜的戈壁沙滩。

当行至昆仑山脚下时，车窗外骤然出现一片绿色的白杨树，遮掩着层层村舍，从木牌子上看，这是"阿克美其特"村，几个村姑正在街头戏闹。

开始爬山了！翻越昆仑山第一个达坂——库地达坂。"库地达坂"当地人称"猴子翻不过去的山"，看来不容易过！汽车加足油门，吃力地沿着盘山公路旋转行驶。

雄伟、险峻啊！远处的山，近处的岭，头上的峰，脚下的悬崖，令人毛骨悚然。

库地达坂

总算翻过库地达坂，海拔骤然降到2980米。

到达库地，稍事休息。库地村坐落在新藏公路219国道旁，沿街开设了很多商店、餐馆。从人们衣着上看，是一个典型的少数民族村，孩童在街心打闹，妇女从山下提水，男人围在一起打牌。

这里设有边检站和防疫站，所有车辆和行人都要受检，而且要出示边防证。

汽车开始翻越第二个达坂——麻扎达坂，车体很快盘旋到山云之中，在刀壁的悬崖上转来转去，看不清哪是山、哪是云、哪是路，头晕得厉害。九十九道弯山路，太险了！当到达山顶时已全被云雾遮住。

汽车开得非常慢，防止万一。麻扎达坂海拔4969米，是事故的高发区，每年有汽车掉下悬崖，车毁人亡，难怪"麻扎"在维语中意为"坟墓"。我捏着一把汗，直到走出云层。

黑卡达坂是第三个关口，海拔4909米。当进入山涧后才体会到什么叫"黑卡"，因为这里的山、峰、岭、石都是黑色的，连扬起的尘土都是黑色的。据司机介绍这一带都是铁矿石，因为山高路险，无法开采，保留了原始状态。

汽车在黑色山体中，闯过一道道险隘，翻过一座座险峰，爬上平坝。

领略了库地达坂的"雄劲"，尝试了麻扎达坂的"险要"，品味了黑卡达坂的"黑暗"。这时，我长出了一口气，心里踏实多了。

稍停，这司机点了一支烟，继续前行。先过了一个黑卡道班，再过一个标有"赛拉图"字样的路牌，钻进山沟，山体变小，但它仍是穷山恶水。

三十里营房到了！大有柳暗花明之感！

啊！我看到了红柳，见到了红柳林！

三十里营房在新藏公路里程碑313公里处，从清朝起就是兵营驻扎的地方。这里距边境线很近，离喀喇昆仑山口国境线约100公里，战略位置至关重要，故名三十里营房。因为地理位置的原因，聚集了不少饭店、理

● 遍地的红柳丛

● 黑卡达坂

发店、商店、台球室，还有一家医院，其执掌帅印的曾是河北人。

这里有很多红柳，尤其是三十里营房外，茂盛的红柳，一簇簇、一丛丛，在太阳的辉映下，显得生机勃勃、绿意盎然。

三十里营房地处青藏高原西麓，被夹在昆仑山和喀喇昆仑山之间，海拔3700米。

我住在三十里营房营地，这是我重访三十里营房，前些年来过一次留下了深刻的印象，特别是对河北籍人陈建宅的采访，至今记忆犹新……

陈建宅是石家庄行唐人，15年的部队生涯紧紧和军车绑在一起，一直跑新藏公路为祖国的国防运输做贡献！

采访时，当我问陈建宅："在这祖国最遥远的地带，最不能接受的是什么？"

这时，陈建宅低下头思索了一下，说："接到父亲病逝的那一刻！"

我一听，知道问错了，立刻把问话打住。

沉默了片刻，陈建宅流泪了……

男儿有泪不轻弹！

接着，陈建宅内疚地失声："我……没有……见……爹……一面……"

当时陈建宅怎么也控制不住内心的感情，他攥紧拳头："没想到，我爹，走得怎么这么早啊……"

这个场面我无法收起，便换了一个话题。

当我提到兵车新藏线，想不到陈建宅立刻激情满怀，像是开闸的水流汹涌澎湃、滔滔而出……

他讲了自己兵车新藏公路的三次险情，真可谓触目惊心、扣人心弦……

那是在死人沟、死水海、麻扎达坂，一听名字就让人毛骨悚然！

麻扎达坂海拔高，它是新藏公路上的第二个达坂，绵延15公里，蜿蜒99道弯，每年都有翻进山崖的汽车，因此"麻扎"当地语意为"埋葬的坟墓"。一次陈建宅开着军车东进翻越麻扎达坂时钻入云层，当时能见度极低，突然车体撞在悬崖上，其中一个车轮悬空，下面是万丈深渊，陈建宅吓了一身冷汗……

新藏公路穿过死水海，解放初一个连的士兵口渴在此饮水因中毒而遇难，因而得名，后改作甜水海。陈建宅有一次奉命出车，当行至死水海，被浓雾锁住去路。他紧握方向盘凭着感觉行进，眼前根本分不清哪是云雾、哪是水面、哪是公路。突然，一个急转弯，他还没有来得及反应，军车一头扎进死水海，陈建宅从水里爬出来简直成了一个落水鸡，他又捡了一条命……

死人沟东西长40公里，海拔5300米。很早以前，一队人马路过这里，因缺氧高原反应而丧生，因而得名死人沟，后取名泉水沟。所以，过往司机谁都不敢在此停留。而陈建宅的汽车开到这里偏偏坏了，当时又逢午夜，且不说氧气，光是零下40多度严寒就让你过不到天明。陈建宅意识到"死"的时刻来到了，他写了遗嘱，整理了衣物。他还没有等到天亮就冻成了一个冰人，昏死过去……当救援人员赶来时，他已奄奄一息……

第一次来三十里营房时听取陈建宅的兵车行

• 雾气中的三十里营房

说到这里，陈建宅激动地说："我很侥幸，我没有死，活下来了，而那些走了的战友，连尸骨都运不回去，他们永远长眠在雪山下！"

讲完，陈建宅沉思了一下又说："我常常思念离去的战友，当苦闷的时候，就听听《无尽的思念》，这是我最爱听的一首歌曲。"

这就是汽车兵的苦！这就是汽车兵的累！这就是汽车兵的险！

我们的汽车兵，奔跑在新藏公路、川藏公路、青藏公路，路上有多少兵车遇险，仅是川藏公路就夺去六百多名战士的生命。他们为了祖国、为了人民、为了边疆，永远留在了雪域，永远留在了高原。我们还有什么理由不去敬重这些"最可爱的人"呢？我们怎能忘记这些为国捐躯的士兵呢？

巍巍喜马拉雅山，低头默哀吧！滚滚雅鲁藏布江，洒泪祈祷吧！让牺牲的解放军战士静静地安息吧！

神仙湾：全球最高的雪山哨所

徜徉在三十里营房，这里有很多地方鲜为人知：神仙湾、康西瓦、红柳滩、赛图拉、老哨所……

每地都有一段感人的故事……

赛图拉哨所遗址年代已久远，在路边可以看到清代左宗棠时期的赛图拉哨所遗址。

据当地人介绍，在清朝和民国时期，为防止统治印度的英国人侵略我国，加强了防范，即建了哨卡。若再向前查看历史，1877年左宗棠收复南疆后，清朝政府就在赛图拉、克里阳卡和麻扎达坂都设了哨卡。边卡人数开始上百人，并巡逻到康西瓦以远。后守卡兵力增至200人到一个团的军力，沿边疆巡逻，一直延续到解放。

1950年3月，解放军一个先遣连来到赛图拉，驻防的国民党部队官兵埋怨怎么过了三年才来换防，还换了军装？后来才知道是中国人民解放军。可见这里与世隔绝太闭塞了。

去往神仙湾的路

• 神仙湾

而今,祖国新设立的哨所神仙湾,令人神往!

从三十里营房沿喀拉喀什河东行,车过古里巴扎,当行至一个叫喀瓦克的地方,在此岔口右拐南行,便是通向神仙湾的路。"喀拉"维语意为"黑色"。

顺着这条路,再走过三十余公里,爬海拔5136米的哈巴克达坂旋转36道弯后,道路才趋于平缓。

继续沿这条路前行,道边的遗骨让人不寒而栗。这是昔日的丝绸之路,是唐僧走过的路。这条丝绸之路既是一条通向他国的贸易之路,也是一条死亡之路,过去有多少驼队商贾死于此地,造成"路有冻死骨"的残景!

哨所的战士就是沿此路走向神仙湾的。

神仙湾，太神了！岗楼上写的"神仙湾"三个红字足以让人惊叹！战士上岗要迈着沉重的步伐，走上108级台阶才能到达岗楼。战士站在山顶，天天感受地球上最高的哨卡！

神仙湾哨卡海拔5380米，位于喀喇昆仑山口。喀喇昆仑山脉是世界冰川最发达的山脉之一，长800公里，宽240公里，平均海拔5000米以上，中低纬度山地冰川超过50公里地段占全世界四分之三。

由于神仙湾处在高原上的高原、冰山上的冰山，夏天气温零下20度，冬季最冷时可达零下五六十度，冰季封山期长达10个月，含氧量仅是内地的一半，为此它又是风口上的风口、寒流上的寒流，不折不扣的恶劣气候，边防战士就是在这种恶劣的环境中守卫着祖国的边疆。

神仙湾哨卡坐落在喀喇昆仑山口不远的叶尔羌河大拐弯处的半山坡上，邻河是刀削斧劈的悬崖，向前朝后瞭望视野宽广。哨卡一侧是一个三角形的平坝，是住宿、练兵、停车之地。

提及神仙湾，地名来历已久，那是我国唐朝高僧唐玄奘偕弟子西天取经，他们行至这里的喀喇昆仑山口，风雪交加，寒气逼人，缺氧严重，一个个躺倒在地，生命危在旦夕，唐玄奘陷入困境。这时佛教始祖古印度迦毗罗王国的王子派人救驾，才通过喀喇昆仑山口。后人便起名叫神仙湾。

神仙湾的战士们因高原缺氧造成嘴皮发紫。

这里没有夏季，冬天却是漫长又漫长；这里大风不止，一年到头都是每秒17米以上的大风；寒冷无比，七八月里还要穿棉衣；这里孤独，除去风声什么也听不到；这里因缺氧每天像是驮着30千克重物行走；而气压低的只能吃70度煮热的饭；其阳光辐射强烈，脱皮脱发并不奇怪。

在神仙湾站岗放哨的战士们，一个个精神百倍。他们白天放哨与雪山为邻，夜间站岗同星月为伴，虽然艰苦，但富有诗情画意。

可晚间守岗，度夜如年，昼夜温差三十多度，迎着寒风、寒气、寒雪，

神仙湾的哨兵

就像在一个大冰窖里一样，冷得要死要活。顶不住了，只能走走步、转转身，但马上就要进入角色，注视前方，提高警惕，严守边疆，不放过一点点可疑之处。

春夏秋冬，岁岁月月。一年又一年，一茬又一茬，所有战士都走过来了，没有一个掉队的！

战士卢新忠：带三名士兵外出执行任务，在返回驻地三十公里处汽车抛锚，直到晚上九点还没修好。如若露天过夜，冻死无疑。于是，他们拔脚步行回营，当次日凌晨回到驻地都躺倒了⋯⋯

战士沈鹏生：夜间守岗时因高原缺氧引发脑水肿，且病情迅速恶化，临终前断断续续说："死后请把我埋在这里，我要永远陪伴战友站岗⋯⋯"

战士朱秀江：严重高原缺氧，突然倒下，猝发心脏病，再没有站起来⋯⋯

这就是神仙湾的边防战士，奉献青春，献出了生命。

神仙湾是典型的生命禁区，到目前已有12位烈士献出了年轻的宝贵生命，永远长眠在喀喇昆仑山上⋯⋯

我们的边防战士，他们是祖国最可爱的人⋯⋯

党和国家及人民没有忘记这些边防战士。

1982年，神仙湾哨卡被授予"喀喇昆仑钢铁哨卡"光荣称号。

1990年，全军发出号召："向神仙湾的解放军战士学习！他们是用生命在守防！"

2009年，上级领导用电话问候神仙湾官兵："你们在高寒缺氧的环境里守卫着祖国边防，祖国牵挂着你们，祝大家身体健康！"

神仙湾，一个美妙而神奇的名字！

神仙湾，挺立着祖国最可爱的边防战士！

雪域高原，生命禁区，世界第三极……这就是西藏国境线，位于中国版图的西南端，长3842公里，边境有湖泊环绕的日土、土林环绕的札达、雪山环绕的普兰、峡谷中的樟木及亚东，相邻国家印度、尼泊尔、不丹、缅甸等。跋涉西藏段，有美丽的班公湖、神秘的古格王朝遗址、世界最高峰珠穆朗玛峰、世界最长最深的雅鲁藏布江大峡谷、墨脱自然保护区、然乌湖大冰川、察隅原始的僜人部落、世上最难走的丙察察公路……

04

第四章

西藏段
喜马拉雅山铸起的铜墙铁壁

日土：湖泊环绕之地

巍巍昆仑……

暮色苍茫……

沿着中国西部边境的新藏公路继续前行，去往西藏的日土县……

途中，穿越大片大片的无人区，不用说村庄，连一个人影都看不到，目光所及的是一个空荡荡的世界。

但，让人惊喜的是：一群群羚羊、一群群野驴、一群群野牛，毫无顾忌地从你的眼前通过，让人大饱眼福。当我拿起照相机的时候，司机阻止了我，司机说不能照，会影响这些生灵的注意力和行踪，会打扰它们的。

过甜水海、泉水沟，爬上昆仑山顶，我看到了一个牌子，上面写着海拔。地上的雪被大风吹走。

多玛乡的山

● 界山达坂

界山达坂是新疆与西藏的界山，由于海拔高，空气稀薄，有人承受不了严重的高原反应而长眠在这里……

过界山达坂进入西藏自治区第一个县——日土地域，又是一片荒芜、一片悲凉，全是海拔5000米以上的道路。然而，路况很好，汽车向着县城飞奔……

这是我第8次进藏区，第3次去阿里。

脚下，就是西藏最西部的阿里地区。"阿里"藏语意为"王的领地"，面积34.5万平方公里，相当于两个河北省，人口12万。它由喜马拉雅山、冈底斯山、昆仑山和喀喇昆仑山托起，称为"万山之祖"；又是雅鲁藏布江、印度河、恒河的发源地，称"百川之源"。平均海拔4500米，被誉为"地球第三极""生命禁区"，是世界上人口密度最小的地区之一。

过松西、多玛乡，班公湖到了，219国道恰好经过这里。一块硕大的石块上面写着"班公湖"三个大红字,过往车辆一眼就会看到这一明显的标注。湖边国道旁开有一家饭店,把"班公湖"的名字搬了上去。

看着班公湖,再一次感觉这个高原湖泊:那透亮见底的湖水,那湛蓝无比的天空,那白得像雾一样的云朵,把人带到纯净、原始、圣洁的世界。

"班公湖"藏语称"措木昂拉仁波湖",意为"长脖子天鹅湖",它形如一条长龙东西躺卧,长度为150多公里,最宽处10公里,最窄处只有5米,湖面为604平方公里。

班公湖水有奇特之处,在我国境内为淡水,而在克什米尔一方就成咸水了。为此,许多国内外专家研究,破解这一谜题。

班公湖心有一个小岛,引成千上万的鸟儿群飞,腾空而起,密密麻麻,遮挡住了天空。这是鸟岛,岛上有很多鸟儿,在此筑窝、产蛋、生息、繁

● 绚烂漂亮的班公湖

• 街道空空荡荡少见行人

衍。岛上是鸟的世界，岛上走的，水里游的，天上飞的，全是鸟。其中有天鹅、野鸭、海鸥、斑头、鱼鸥、凤头鸭、雄鹰等。一平方公里的小岛，与日土县城面积相当，却比县里的生灵多得多。据说，岛上之所以这么多鸟，原因是少有人接近，较为偏远，没有人为破坏。

离开班公湖不远，到达海拔4300米的日土县城，但没有感觉到是个城，当看到马路西侧"中国共产党日土县委员会"和"日土县人民政府"的木牌时，证实这里确确实实是日土县府所在地。只有一条大街，向南可以看到雪山下的进城门楼，上面写着"日土欢迎您"，街道两旁是零零星星的几家饭店和商铺，行人很少。

县委、县政府大院正门有"为人民服务"的字样。日土归属阿里地区，从人口讲是个小县，总共1.12万人，而按辖区8.03万平方公里的面积来讲是一个边境大县。

"日土"的"日"字藏语称"枪权支架"，"土"字指"山的部位"，合称"枪权支架在山上"。日土的来历与当地的地形山脉有直接的关联，历史上是古代兵家争夺之地，重要通衢之地，古战场之地。

日土这个西藏阿里地区西北部的边境县,尽管偏僻、人烟少,但它有三大亮点:班公湖、岩画和绒山羊。

岩画的声誉不亚于班公湖,许多国内外专家亲自到日土考察、研究。日土岩画分布在扎布乡、多玛乡、曲龙乡、日松乡等地。在219国道边的山岩上我看到了岩画。

这些岩画非常久远,画有羊、猪、牛、马、鸟、鹿及太阳、月亮、星星。其中"羊"的画最多,各式各样,千奇百怪。当地人介绍:"岩画可追溯到古格王朝时代,古格王朝灭亡之后,人们四处逃散,来到这里的人不少,故有'瞎马一百匹,瞎老人一百'的说法,而这些人都是能工巧匠,这与所刻岩画应该有关。"

日土县还是一个水草丰满的地方,全县有众多的湖泊河流,在整个阿里地区雄居第一。所以日土被誉为"湖泊环绕的地方"。湖多、河多、水多,是日土县的一大优势,当年格萨尔王命名日土为"玛噶",意为"水草茂盛",此处形成了许多天然牧场,造就"绒山羊"这一特有的羊种。我在河沟草地边采访了当地的牧民,得知绒山羊的羊毛价值非常高,成了国内外,特别是欧洲客商的抢手货。

价值高在哪里呢?牧民当场将一根羊毛剪断,可见羊毛为"空心"形状,这在世界上是少有的。为什么是"空心"?大概是因为这里的气候寒冷,又高海拔,大自然赐给这里的山羊特有保暖的绒毛。这一现象原来并没有被人们发现和认识,直到援藏干部来后才得以重视和开发。这里属于河北的援藏干部区域,有多位河北来的县委书记抓"绒山羊"发展,一茬接一茬,从没有间断,大做绒山羊的文章。目前全县共有绒山羊约25万只,计划发展到百万只。他们加工的"金哈达"牌羊绒衫被称为"软黄金",羊绒制品畅销世界,成了外国人追捧的对象。

日土,这片没被开垦的处女地,还有许多独特之处,诸如双头鸟、裂腹鱼、六棱青稞、金丝牦牛等,都值得研究、开发,造福于民。尤其是班公湖,给我留下了深深的印象……

狮泉河：难忘采访《先遣连》的日夜

翻过一个个山头、山口、山沟……

越过一片片沙丘、沙石、沙滩……

汽车沿新藏公路向阿里首府狮泉河镇挺进……

此时，当身临其境飞奔在阿里境地的时候，我这才真正感受到阿里为什么是世界屋脊的屋脊，高原的高原，西藏的西藏，探险者之地……

望着那纯净的蓝天、闪耀的雪峰、浩渺的水波、奔跑的野驴、飘动的经幡、朝圣的脚步，这就是屹立在世界最高群峰之中迷离多彩的阿里！

汽车向阿里首府狮泉河镇进发

● 信步在狮泉河镇大街

在这遥远、圣洁的地方，人类与自然和谐共生，神奇与魅力交融，我顿感一种精神力量在升华、在升腾！越过那巍巍的冈底斯山，透过那滚滚的狮泉河水，望过那莽莽的羌塘草原，我真真切切感受到阿里之大美！

大美阿里，让我感怀！让我动情！让我憧憬……

不觉，汽车来到阿里地区首府狮泉河镇。"狮泉河镇"因狮泉河而得名，藏语意为"森格藏布"。地图上并不显示狮泉河镇，标注的是嘎尔。此镇海拔4300米，有"戈壁孤岛"之称，人口一万，地标为狮泉河大桥、广场和电视台大楼。

我重返故地，触景生情，心潮澎湃。徜徉在阿里大地，我怎么能忘记在这里采访进藏先遣连的日日夜夜呢？

那是前些年，我作为特派记者来阿里地区采访河北的援藏干部。当告别最后一个援藏干部后,我去凭吊孔繁森烈士。阿里烈士陵园坐落于狮泉河镇北部的一个山坡下,整座向阳山坡用石子堆起五个巨型大字:毛主席万岁!每个字占地面积超过5亩之大,这是阿里的一道风景线。

走进沙地上建起的烈士陵园,给人一种苍凉之感,只有墓地西侧的几棵红柳还能显示一点绿意,树丛中有一眼泉水,让九泉之下的烈士能够享受甘甜。

孔繁森陵墓建造的规模宏大,坐落位置显要。当我走近墓前礼拜时,余光中意外发现北侧一座陵墓尽管比不上孔繁森墓精细、突出,但所摆贡品、哈达很多,所点香火很旺。出于记者职业的敏感和好奇,我走向前去,看到上面写着:李狄三烈士之墓。

开始并不留心、介意,后一想:为什么哈达、贡品、香火如此之多之旺呢?必有缘由。为此,我又转向墓后看碑文:"李狄三,河北省无极县里城道村人……"当"河北省"三个字闯入眼帘后,骤然一惊:河北省的烈士怎么埋到这么遥远的地方了呢?便迫不及待、如饥似渴下读碑文,越读越激动,越读越感慨,而且是万分的甚至达到无比震撼的地步!满怀激情的闸水简直要喷洒溢出……

原来,1950年8月,李狄三作为总指挥带领136人组成的进藏先遣连从新疆于阗普鲁村出发,以惊人的毅力翻越昆仑界山达坂,冒着高寒、缺氧,穿越无人区、两水泉,沿途63名官兵牺牲,历经磨难,当第二年把五星红旗插上阿里高原时,李狄三含笑而去,献出年仅35岁的生命……

望着李狄三陵墓和他墓后六十多名先遣连烈士的坟地,我思绪万千……

这是一段极其悲壮的历程!这样高海拔、高寒冷、高缺氧之地雪域行军,死伤如此惨烈,不要说在全国,在世界也独一无二!

"燕赵自古多慷慨悲歌之士!"看完碑文,第一感觉:这是河北的英烈,鲜为人知,太感人了!当时我的第一反应:写一篇新闻稿报道出去,让河北人民都知道李狄三这个人物,他是河北的英雄,为西藏的解放献出了宝贵而年轻的生命,这是河北人民的骄傲和光荣。

收回思路,慢慢走到李狄三墓前,下跪礼拜,心里暗暗默念:"李狄三烈士,放心吧。我一定要把您和您带领的先遣连宣传报道出去!让家乡的人们都知道在这遥远的阿里长眠着为解放西藏而献身的您这位河北英烈!安息吧!"

发现重大线索,摸到"大鱼",我决定把李狄三这个典型做好,写一篇重要新闻。

• 李狄三烈士碑文

回到狮泉河镇驻地，我拿起笔，铺开稿纸，灵感一下子就上来了，激情满怀。根据烈士陵园管理处提供的素材，很快写成一篇新闻稿：李狄三和他的先遣连，传向编辑部，在河北人民广播电台新闻节目播出。

新闻播出后，在河北省立即引起强烈反响，短信、电话不断。李狄三和他的先遣连可赞、可歌、可颂。

然而，一篇新闻稿分量有限，展不开，更重要的是，只让河北人民知晓先遣连是不够的，要让全国人民都知道阿里不仅有个孔繁森，还有个李狄三和他带领的先遣连，李狄三是奉中央之命进军阿里的，为祖国统一和西藏的解放奠定了基础，献出了生命。为此，我拟写一篇长报道，传到中央台和国际台，把李狄三和他的先遣连推举出去。

重走先遣连之路，沿着李狄三和他的先遣连的足迹追踪采访，收集第一手素材，做重头文章，而且做强、做足、做大。我决定留下来，继续采访。

然而，这是阿里高原，谈何容易！不过，碑文上显示了先遣连的行军路线和几个节点，即于阗普鲁村、界山达坂、两水泉、扎麻芒堡、改则和狮泉河。

走在狮泉河镇大街上，到处是河北印记，河北路、河北楼、河北商店等比比皆是。河北在这里援建了广场、学校、医院、办公大楼等，满目河北元素。

我与河北援藏干部座谈李狄三时大家反响强烈，大家都认为这是河北的骄傲。由于交通闭塞，阿里几乎与世隔绝，解放军挺进阿里的那段历史已被掩埋，很多人只知道阿里有个孔繁森，很少人知晓还有个李狄三。但是，当地藏族群众对李狄三非常崇敬，称他们是翻身解放的救世主和大恩人！

在狮泉河桥头，我接连去十一户藏民家走访。

李狄三家喻户晓、深入人心，不少藏族同胞还供奉李狄三烈士，有位

95 岁的藏族阿妈卓玛接受采访时清晰回忆到先遣连当时进藏的情景。他们认为，没有李狄三就没有阿里的解放，就没有藏人今天的安逸。为此，藏族群众经常到李狄三墓前悼念，告慰在天之灵。

在阿里地委、行署机关，我广泛了解李狄三情况后走进地区文化局，土生土长的米玛波仁局长是个阿里通。

在他带领下我去了党史办、档案室和史志办。通过米玛波仁局长介绍我才知道，牺牲的 63 名官兵中还有河北的烈士，如刘景辰等，刘景辰是先遣连的电台发报员，为河北保定人。

米玛波仁局长说："1964 年李狄三的遗骨从扎麻芒堡迁至狮泉河烈士陵园，风风雨雨这么多年了，人们已淡忘了那段历史，主要是阿里封闭、遥远，还有恶劣环境。"接着，他又介绍了阿里特殊的地理环境，他说："阿里地貌是第三纪伴随着青藏高原凸起而被大自然沧海巨变的魔力铸就，高海拔、少氧气、低气压，苍茫、荒凉、遥远，狮泉河镇成了莽莽戈壁上的孤岛。每到大雪封山，与外界隔绝，气温降至零下 40 摄氏度，半年连信件报刊都看不到，生存受到极大威胁。试想，谁能去看李狄三的陵墓呢？谁能再现这段曾被封冻了的历史呢？"

李狄三的孙子李惠军在阿里地区财政局工作时常常说到他的爷爷李狄三。顺蔓摸瓜，根据这个线索，我赶到财政局进一步探访，得到的情况是这样的：先遣连当初确实很封闭，就连李狄三牺牲也没通知家中，直到 1960 年 7 月家人才知道。由于种种原因，这支前无古人、全军唯一给集体每人记一等功的先遣连一度曾被打压，后被平反。为此，那段历史成了被遗忘的角落。

李狄三烈士之墓是由阿里地区行署和阿里军分区敬立的，部队应该更清楚这段历史。当我来到部队政治部，这里对李狄三带领先遣连进藏了如指掌，并有详尽记载。为此，部队拿出了关于先遣连的翔实材料，讲述了当时部队进藏的大背景。那是 1950 年 1 月，毛泽东在出访苏联时电告党中央：进军西藏宜早不宜迟，并指示解放西藏分三路推进，其中西路军由新疆军区组建。

王震司令员接到命令后首先组建进藏先遣连，由李狄三任总指挥。

先遣连于 1950 年 8 月 1 日从于阗县普鲁村出发，这是我军第一支进藏的部队，第二年 5 月 28 日在扎麻芒堡与安志明率领的后续部队会师后继续前进，于 8 月 3 日到噶达克。10 月，阿里全境解放。毛泽东得知先遣连的壮举后，流着泪连说三遍："盖世英雄！""盖世英雄！""盖世英雄！"

当时阿里的首府噶达克，现为噶尔县，顺此我又去那里了解当年进藏先遣连的进驻情况。

李狄三和他的先遣连当年进军阿里的线路是新疆于阗、界山达坂、两水泉、扎麻芒堡、改则等。我反其道而行之拓展采访，抓住不放。

追踪李狄三足迹拓展到改则县，从狮泉河镇出发顺森格藏布河东行，过革吉、雄巴、物玛，走出五百多公里到达县城。

说是县城，实不如内地一个村子大。全县面积相当于大半个河北省，人口不到一万。改则首府处在一个荒芜边际的戈壁上。我站在街心，那种封闭、凄凉、原始，给人一种失落感。这种封闭，是残酷的！大有沧桑之感。这里远古时期并没有人居住，公元 7 世纪，一个名叫改则的部落头领带领放牧人来此，后以此命名改则县，繁衍扩展至今。

走进改则县政府办公室，恰遇一位河北援藏干部，当提到先遣连李狄三，他说这里老幼皆知，广为传颂。我走访了民政、交通等部门三位八十多岁的藏族老干部，他们讲述了当年先遣连进驻改则境地与藏族群众打成一片、不吃地方、不拿群众一针一线的动人故事，特别提到总指挥李狄三、指导员李子祥、连长曹海林、副连长彭青云等多次到改则宗府与当地首领谈判，劝说其签订和平协议。而宗府头人顽固反抗，与先遣连作对。李狄三又到当地寺庙里主动与僧人接触联系争取力量，劝说宗府厚待先遣连官兵。

• 作者在藏民家采访了解李狄三事迹

　　扎麻芒堡是先遣连驻扎最久的地方，距改则县府90公里。当驱车西北行一个多小时到达之后，才知"扎麻芒堡"的名字已被"先遣乡"替代，过去的影子几乎消失。恍惚中，依稀看到黄沙戈壁里矗立的一座石碑，走近才知是专为先遣连树立的。碑文上篆刻着先遣连270多个日日夜夜在此生活、战斗的艰辛，与困难做斗争的磨砺和英勇牺牲的悲壮历史。

　　在乡干部的陪伴下，我缅怀了先遣连曾经住过的旧址。

　　出操的平坝、存马的壕坑和官兵的坟地，我还去了战士们打草、打猎、打柴的山沟。

　　之后我认真仔细听取了当地老一辈藏族群众的讲述。先遣连进驻扎麻芒堡已到冬季，大雪封山，部队从新疆派出的几路运粮运盐驼队翻越界山达坂而不成，死伤惨重，上百名运粮队伍和上千头骆驼、马匹都倒下了。李狄三当初为什么选这个地方驻扎，关键是此地有草、有树。

"扎麻芒堡"藏语意为"柴草"。李狄三认为有了柴草能解决烧水、做饭、取暖和喂马的需求。为此先遣连成立了打柴组、打草组、打猎组，首先解决人吃马喂的问题。

然而，仅仅靠吃野羊、野牛肉且没有盐味，难以下肚，呕吐不止，还要坚持和国民党残匪及藏军队伍斗争，他们经受着常人难以忍受的困难和极其严峻的生死考验。特别严重的问题是高原缺氧威胁着战士们的生命……

打猎组的巴利祥子还没有走到树林就倒下离开人世……

打柴组的王万明、鄂鲁新身背柴草半路吐血不止身亡……

炊事班长张长富做好饭还没走出厨房便晕倒，再也没有站起来……

小卫生员徐金全刚给别人服了药自己却躺下永远闭上了双眼……

张佛成、陈忠义、于洪、阿廷芳等一个个战士因为高原病相继牺牲……

而最多的一天竟送走11位烈士……

死亡战士接连上升到30、40、50、60名……

其实，总指挥李狄三，早就病了，不过他一直硬挺着、忍受着指挥，直到实在没有一点力气，躺倒了……

然而，李狄三躺在床上以坚强的毅力仍然坚持，坚持，再坚持，等大部队到来……

1951年5月28日，当后续部队赶来时，李狄三已生命垂危，他从昏迷中醒来，在弥留之际用颤抖的手拿出记录本和党费，交给团长安志明，示意完成了任务，接着吃力地、断断续续地说："儿……他……娘……"

话，没有说完，露出一丝笑容，闭上了双眼……

李狄三在生命的最后一刻，想到了自己的任务，还想到了自己的家！

当兵的人，谁没有家呢？而李狄三自参军后，一直没有回去过，他何尝不知道自己还有一个温暖的家庭呢？

李狄三1916年出生于河北省无极县里城道村一个贫苦家庭。1936年秋天，贺龙的部队路过他的家乡，他背着父母，晚上对妻子说明天要去参军，走后要好好照顾二老和孩子。妻子听后泪流满面，灯光下为上路的丈夫缝补衣服。天不亮，李狄三摸了摸睡熟了的小小的儿子，吻了一下面颊，对妻子说："我走了，多保重，革命胜利后回家团聚……"

然而，谁知这一去竟成了不归之路……

两水泉是追踪采访的一个重要节点，我走出扎麻芒堡西北行，大片大片的戈壁，无边无际的沙丘，荒凉空旷的无人区，当车程显示出150公里后，到达两水泉。

美其名曰两水泉，其实本不是泉，而是高原湖泊。这一带与日土县接壤，有很多湖，如美马湖、阿鲁湖、鲁玛江冬湖等。

两水泉处在界山达坂和扎麻芒堡中间位置，是接应和转运物资的最佳位置，为此先遣连在此设立了供给站。李狄三的部队在这千古沉睡的藏北高原两水泉驻扎三天，并没有久留。原因是海拔太高，吸氧困难，无人区少有藏民，无法联系群众；地形复杂，稍不留心就会迷失方向。而先遣连驻扎中，连续发生了诸多事件：道尔吉、赛买尔迷路失踪，黑流星马匹病死，多人得了雪盲症等，是先遣连经受较大的一次考验和锻炼，也是行军途中重要站点。

界山达坂是新疆和西藏的分界线，也是昆仑山南北分水岭，海拔5400多米，是新疆到西藏最险要的隘口。当我赶到这里时，狂风大作，飞雪满天。

站，站不住；走，走不动；可以想象当年李狄三和他的战友是怎样翻越的呢？这是先遣连出发后遇到的最大屏障、最大天险。

"虎口脱险，战胜困难，走出鬼门关！"这是战士们的誓言！李狄三带领136名官兵臂挽臂、肩并肩，牵着马尾、喘着粗气，迎狂飙、顶风雪、抗缺氧，闯第一道封锁线，有的摔了腿、冻了脚、扭伤了胳膊，还牺牲了一名战士牟全宝……

界山达坂为什么被称作老虎口、鬼门关，让人望而生畏？主要是海拔太高，一般人承受不了。

为此，当地有一句传言："班公湖里敢洗澡，界山达坂敢小跑，死人沟里敢睡觉，神仙湾上敢放哨！"

这是衡量英雄好汉的标准，都说明海拔高容易死人。站在界山达坂眺望，北侧新疆方向下山的路上有一条死人沟，传一个连的部队因睡了一夜而全军覆灭；再下去神仙湾东北部有个康西瓦，那里有上百名战士捐躯而长眠……

"生命诚可贵，新闻价更高。"先遣连的采访是难忘的，而且冒着生命危险，特别是追踪李狄三的日日夜夜……对生命是个大摧残，每时每刻都在透支着生命，侵蚀着身心健康。踏访阿里，翻越莽莽昆仑山脉，跋涉滔滔狮泉河水，走过茫茫羌塘草原，冒严寒、抗冰雪、遭缺氧，真是艰难前行。有时碰到汽车爆胎的烦恼，有时遇到塌方断路的阻挠，有时撞到飞石下落的险情，有时遭到野狼袭击的威胁，特别是饱受高原缺氧的折磨，多次死里逃生……

那是一个艰难的日子，当我到达海拔5200多米的一个达坂，山顶凛冽的寒风越刮越大，天上飞雪越下越急，我仍然坚持着采访。

由于衣服单薄，难于抵抗低温，再加上严重缺氧，突患感冒，浑身发冷，全身颤抖，接着就昏倒在山上……

不知道感冒来得这么急、这么快、这么重。这里是无人区，所带氧气全部吸完仍无济于事。大约又颠簸了一个多小时，我被送到山脚下一个村子藏医诊所时已是深夜11点多，此时我仍昏迷不醒，病情已发展为肺水肿，生命奄奄一息，危在旦夕，情况十分危急……

感冒九死一生，肺水肿在10小时内得不到抢救，生命等于画上句号。

但此地根本没有抢救条件，如果不及时送到阿里首府那是十分危险的，而到狮泉河还有很长很长的路途。为延长生命，藏医向我嘴中灌了一大碗藏药，稍清醒一点，意识到自己不行了，想到后事，刚开口……

然而，只吐了几个字，又昏过去了……

在这人命关天的紧急时刻，消息很快传向我的单位、传到河北省委宣传部、传向河北省委……

通过急电，又很快逐级上传……

当夜 12 点 30 分，驻军某部下令起动两架军用直升机营救……

上午 11 点钟，我被送到狮泉河镇阿里地区人民医院……

正在这里等候的院长、主治医生等立即展开抢救……

到底昏迷了多长时间，到底熬了多久？到底抢救了多少时间？我一点也不清楚，一直处于昏迷不醒……

一直抢救到下午三点多钟，我开始有了知觉，等苏醒后，我慢慢睁开双眼，感觉还活着！当我听到阿里地委书记、阿里地区行署专员、阿里地委宣传部部长、阿里地区卫生局局长及河北的援藏干部都在我的床前时，激动万分，怎么也张不开口，说不出话……

特别是听到部队派直升机营救的消息，让我更加激动，这连做梦都不敢想象，在这么遥远的边疆，上级领导这样关注我，想着想着，一股暖流涌进心房，不由自主感动得流下热泪……

先遣连的采访生生死死；历尽千难万险，总算闯过人命关。

苏醒后，我在病床上坚持写了一篇 6000 字的通讯《先遣连》传回编辑部在河北电台专题节目播出。同时，又把此稿传给中央台和国际台。让更多的人了解进藏先遣连。

病情好转，当返回编辑部时，好像做了一场梦，荡气回肠，魂牵梦绕……

这时，河北《共产党员》杂志社的田耀斌用大版文章报道了我进藏采

● 作者与主演李狄三的演员王千源合影

访的消息。之后，我和小田去无极县采访先遣连李狄三的儿子，紧接着一口气写成 20 万字的长篇纪实文学《进军阿里——李狄三和他的先遣连》及 29 集电视剧本《先遣连》，并在国家立项"军字 1 号"，筹集拍摄。

经河北省委宣传部、河北影视集团、兰州军区政治部等，几经研究、商讨、运作，24 集电视连续剧《先遣连》在中央电视台一频道晚 8 点播出，获得第 29 届中国电视剧最高奖"政府奖"飞天奖一等奖第一名，还被评上中宣部"五个一工程"奖。

这部气势恢宏的电视剧从采访、策划、编导到剧组，从部队、地方到联合拍摄，直至播出，合作愉快，阵容强大。其中有王元平、公丕才、王喜民、田耀斌、武鸿儒、查岭、范建会、王千源、王新军、唐国强、巫刚、孙涛等。

面对这样强大的拍摄阵势，面对全国成千上万的观众，我作为其中的一位编剧而感到幸运！

札达：土林围绕的古格王朝遗址

从狮泉河镇沿新藏公路南下，向冈底斯山下、象泉河旁的札达行进。边境的山、边境的水、边境的旷野，静静地呈现在眼前。尽管没有树、没有草、没有绿色，但它给人以大美之感！这种悲壮之美，给人启迪！

不觉已离开狮泉河镇两个多小时，当走到一个叫那木如的地方，撇开新藏公路步入下道。这时，道路明显变窄。

行车中，两旁的山地风光非常诱人，这就是著名的札达土林，有世界上独一无二的雅丹地貌。只见那山势一字排开，整洁、神奇，有的像列队的士兵，有的似一排古代城堡，有的如猛兽群鹰，千姿百态，蔚为壮观，

古格王国遗址大门

展示了土林风采。土林是在几十万年风雨的冲刷下形成的沉积土层，雕刻成奇形怪状。

札达县城出现在面前，坐落在一个山间盆地中，海拔只有 3600 米。县城很小，只有一条像样的大街，不过这里有不少树木，明显感到柳暗花明。午饭是在县政府食堂吃的，县委书记介绍，"札达"藏语为"下游有草的地方"，又称"土林环绕之地"，是个边境县，与印度接壤，较为偏僻，历史上是古格王朝所在地，有壮丽的土林。

从札达驱车 18 公里来到古格王朝遗址，又称"古格王国"。望着那恢宏的王宫、雄伟的碉堡、巍峨的城墙、险峻的地势，依稀看到昔日的辉煌。据介绍，遗址共占地 72 万平方米，共有房屋 300 处、佛塔 3 座、寺庙 4 座、殿堂 2 间、暗道 2 条，另有 879 孔洞窟和 58 座城堡。在整个建筑中，外围有城墙，四角设洞楼。整个遗址分上、中、下三层，分别为王宫、寺庙和居民区。古格内遗存最为完整、数量最多的是它的壁画，风格独特、气势宏大、用笔简练、造型突出，尤为奇妙的是女体人物画，既丰满又有动感，且姿态优美、线条流畅。令人不解的是在遗址洞窟中还有不少无头干尸，或许是当年被杀的百姓吧。

古格王朝的遗址是全国第一批重点文物保护单位，坐落在象泉河畔一座高三百多米的土山上。

古格王朝始建于公元十世纪前后，是吐蕃王朝后裔建立的权力机构。公元五世纪赞普朗达玛的重孙吉德尼玛衮在王朝崩溃后率领亲信逃亡阿里，建起古格王朝，选址就在札达郊外的札布让村。朝都建成以后的年代里，尼玛衮的三个儿子又各据一方，即一个占古格王朝，另两个又建了拉达克王朝和普兰王朝。当时的王朝有着广大的地盘，不仅遍布阿里，还伸向巴基斯坦等。公元 1635 年拉达克人攻陷古格王宫进行了毁灭性破坏，一个有 10 万人之多的古格王朝全被斩尽杀绝。古格国王被俘，一夜之间古格王朝在历史上消失，留给后人的是灿烂辉煌的王朝遗址。

● 古格壁画

据介绍，当年古格王朝统治中心在札达象泉河流域，北抵斯诺乌山，南界印度，西邻拉达克，东为冈底斯山山麓。

札达县城西北角，还有一座托林寺很出名。"托林"在藏语中为"飞翔空中永不坠落"之意，分别带有中、印、尼三国建筑风格。进寺内参观，感到震撼。寺庙规模很大，共有3座大殿、10座小殿。寺院现存殿宇有白殿，内部保存有大量的象形图纹，是古格故妃遗留下的坐骑，为稀世珍品。各殿顶部都刻有大量象征图纹。公元1036年，印度高僧阿底峡及24名弟子来此讲学，住寺内达6年之久，最后写成《菩提道灯论》等许多著作，对推动西藏的佛教起到促进作用。

札达县交通不便，偏僻、闭塞，楚鲁松杰乡处在边境，自然条件差且环境恶劣，几乎与世隔绝。人们日出而作，日落而息，过着清贫的生活。这里没有学校、没有广播电视、没有商店，而独有生机的是家家户户飘扬的五星红旗，表明祖国在藏民心中。

楚鲁松杰乡是全国唯一没有进行土改的地方，至今还延续着旧的体制。尽管没有土改，尽管没有成立过人民公社，尽管没有分地分田，但藏族群

● 托林寺壁画——奏乐

● 札达土林

众的国家意识、民族意识很强，每遇到大的情况会主动上报。有一年7月，帕里河水涨导致山体大滑坡，致使河流堵塞，形成人工湖。事件发生后，楚鲁松杰村民及时逐级上报，得到国家四位总理和多位部长的批示。从中央到地方引起重视。札达县是河北省的援藏单位，接到情报后，札达县委、县政府立即召开紧急会议，当即派一名副县长带领一支队伍前往救灾现场。他们乘汽车走了两天，翻越了海拔6000米的普布拉山口，又骑马两天、步行一天，攀岩后才到达了出事地点。

楚鲁松杰之偏僻，可以想象。札达之遥远，可想而知。

入夜，在札达县观看了一场别开生面的文艺演出。

普兰：雪山环绕的地方

巍峨的冈仁波齐峰，柔静的玛旁雍错湖。

从札达县启程，沿喜马拉雅山西麓的新藏公路东南行，到达冈仁波齐峰下、玛旁雍错湖域的普兰县。

普兰县的最大看点是神山圣湖，它与札达的古格、日土的班公湖并称"阿里地区三景"。来到圣湖玛旁雍错，站在湖边一望，那浩渺的湖光、清澈见底的湖水、平静的湖面，尽在眼前，一切烦恼、苦闷、疲劳、忧虑全部消失，取而代之的是神秘、心醉、宁静和遐想。

神山冈仁波齐

玛旁雍错，是世界上最高的淡水湖，面积412平方公里，海拔4500米。神山与圣湖由一条河流相连，地貌显示神山与圣湖不可分割。为何不能分割呢？向导对我说："山神为男，性情阳刚；水神为女，性情阴柔，两者是联系在一起的。"

"玛旁雍错"的"玛旁"藏语意为"不可战胜"，"雍"意为"碧玉"，"错"意为"湖"，全意是"不可战胜的碧玉湖泊"。它还被称作"西天王母瑶池""圣湖之王""珍珠一样的水""永远不败之碧玉""世界上最负盛名之圣湖"。

当来到神山冈仁波齐山脚下，一眼就看见了那金字塔般的雪峰，放着夺目的银光，闪着耀眼的光彩，着实让你惊叹，着实让你敬仰，着实让你产生无限遐想。时下，正是旅游旺季，只见许多朝圣者匍匐在地，慢慢移动，那种虔诚，那种执着，让你感动。而在朝圣的人流中，不仅有我国藏胞，还有印度教徒、尼泊尔信徒和不丹的朝圣者，他们和藏民一样十分真诚地走向冈仁波齐，转山、烧香、磕头。他们认为冈仁波齐山峰是心目中的神山，世界的中心，宇宙的中心，人间天堂。人群中，最显眼的是穿"孔雀服饰"的藏族姑娘。

冈仁波齐山峰是冈底斯山的主峰，海拔高6741米。"冈仁波齐"在藏语中意为"神灵之山"，还意为"雪圣"。藏语信仰本教，认为它是九重之山，认为本教的360位神灵栖居于此，认为祖师辛饶米沃且从天降落于此，而在印度教中它是"凯拉斯"，意为"湿婆的天堂"。印度教主神之湿婆的宫殿在此山顶，而在印度耆那教中，它是"阿什塔婆达"，意为"最高之山"，它象征着纯洁和仁慈。冈仁波齐为什么成为藏教和印度教崇尚的圣地？为什么一座小小的山能有这么多的神灵？是因为特殊的山形。冈仁波齐终年积雪，很像一座白色金字塔，四周山壁均匀对称，顶部是一个浑圆的雪帽，更为奇特的是自上而下有一个凹进去的沟，山腰上部有一个平环，使人产生许多想象。冈仁波齐作为普兰的圣境向世人开放，并有很多宣传标牌。

• 穿戴"孔雀服饰"华丽的藏族姑娘

• 乡间路

  冈仁波齐不仅是本教的发源地，它还是四条河流的发源地。马泉河即雅鲁藏布江、马甲藏布孔雀河即恒河、朗钦藏布象泉河即萨特累季河、森格藏布狮泉河即印度河，四大河的发源点分别来自冈仁波齐的东、南、西、北。所以冈仁波齐被比作"万山之首、万河之源"一点也不夸张。然而，这些河流经过蜿蜒跌宕之后又都回归到印度洋。

  普兰，这个"雪山环绕之地"，到处可见冰山雪景，但是，也有绿意盎然的世界，在去普兰县城的路上，看到一群藏族男女在地里唱歌。

  "普兰"在藏语中意为"独毛"，被称作"雪山环绕的地方"。县政府所在地吉让乡，海拔3700米，处在喜马拉雅山南侧的峡谷地带。在路上，可以看到处处是雪山冰顶。到达县城，已是星光满天，整个县城淹没在暗夜中……

● 慰问西兰塔边防战士

次日清晨,从普兰县城南行半个小时,来到中国与尼泊尔和印度三国交界的地方,这里设有国家二类边境口岸。在此,我恰遇藏民为边防战士演出文艺节目。

口岸贸易市场热闹非凡,有做生意的人群。在摊点,在货场,在地边,摆放着成千上万的中国货和外国货。外国货主要有木碗、大米、香料、首饰、咖啡等,中方摊位是布料、服装、工艺品、藏刀、食品等。这里最火爆的商品是尼泊尔的木碗,很有名气也颇受青睐。在一个摊点,我采访了强巴,他做了十多年的木碗生意,很有经济头脑。强巴从这里进货木碗每只50元,而拉到拉萨一转手就是上百元,一趟下来的收入十分可观。一位河北人专做服装生意,他从内地拉来服装,一件可以升值到50%以上,一趟下来的收益可想而知。

这是我第二次到普兰,口岸很冷清,不像第一次来时人那样多,特别是尼泊尔人。

吉隆：与尼泊尔一河之隔的口岸

离开普兰，继续沿雅鲁藏布江东行，此段的新藏公路，明显拉直，汽车开足油门撒野似的疾飞……

当爬到马攸木拉山顶，天上飘起了雪花，山口铺满了积雪，而玛尼堆上的经幡依然飘动、飞扬……

马攸木拉山是阿里地区和日喀则地区的分界线，海拔高五千多米。

下山后过桑木张、玉来，到达帕羊镇。我下车驻足，发现这里的风沙很大，头上的帽子骤然被风刮跑，而且风中带沙，沙中带石，站都站不稳，腿下的沙粒顿时漫过脚面，看来这里不能久留，赶紧离开。

我又上路了。同样，一路风沙，一路飞尘，一路戈壁大漠。沙尘之大太厉害了，经过一个多小时的行车，来到仲巴县城。谁能想到，这里荒芜至极，令人吃惊，满是土房、土路、土街、土墙。

路上沙尘弥漫，荒凉的帕羊镇

热索桥和二十一勇士雕像前的中国界碑（卢中昌 摄）

中午，在这里就餐，一位藏民介绍，"仲巴"藏语为"野牛之地"，所谓野牛之地就是不适于人类生存，此地主要是沙害，因为沙害严重，县府所在地几经搬迁。1960年县政府机关在岗久，1964年迁扎东，而到1986年迁至刮那古塘，1990年移到托吉，现在的县政府驻地为扎东乡。

午饭后，上路穿拉藏，经如角，走过145公里的车程进入萨嘎县。政府所在地为加加镇，海拔4500米。萨嘎，在藏语中为"可爱的地方"。从萨嘎掉转车头南下，去边境县吉隆又是一路山地。

天苍苍，路漫漫……

一整天地奔跑，不停息地赶路，到达吉隆口岸已是星光满天。

做客藏家，吃在藏家，听歌藏家，驱赶一天的疲劳。

晚餐中，藏族老人介绍了吉隆的情况。"吉隆"藏语为"舒适村""欢乐村"之意。那是公元8世纪后期，赤松德赞从印度迎请莲花生大师入藏时途经吉隆沟，在此住夜。大师见此地山清水秀、风景明媚，不胜感慨，又看溪谷中的河水洁白如乳、卵石如玉，于是命名此地为"吉隆"。

藏老介绍完之后，为我唱了一曲《西藏，我可爱的家乡》，还跳了《吉隆锅庄》舞。优美的歌声，飘荡在喜马拉雅山下。

夜茫茫，星闪闪。

吉隆口岸的一夜是宁静的，喜马拉雅山下的一宿是甜蜜的。这里，没有城市的嘈杂，没有广场舞的干扰，只有鸡叫、虫鸣、鸟声……

第二天，我来到了吉隆口岸采风，全县边境线长162公里，与尼泊尔王国为邻。

口岸工作人员介绍："吉隆口岸是喜马拉雅山的后花园，位于吉隆县吉隆镇25公里之外的热索村，处在喜马拉雅山中段南麓吉隆藏布下游河谷即著名的景区吉隆沟，海拔1800米，距尼泊尔首都加德满都85公里。"

我来到热索村南边两河交汇处的河边，看到矗立在我国的第48号界碑，河道中心为边界。东林藏布河上有三座独特的桥，三代热索桥并排而

• 热索桥　　　　　　　　• 尼泊尔的房屋与汽车

立，成为历史的见证。

据介绍，双方边民生活习惯相同，相互通婚。边民们利用口岸的优势，开展边贸交易。在河边，我采访一位藏族边民——

我问："一年多少收益？"

边民："由于疫情，现在赚不了几个钱。过去一年能挣到二十多万元。"

我问："主要经营什么？"

边民："运送尼泊尔的服装、首饰，这些在西藏特别受欢迎。虽然仍靠人背进背出，很辛苦，但盈利很大。"

信步于口岸，最显眼的是国门，威武雄壮、高大阔气，与尼泊尔那边形成了鲜明的对比。国门旁，停着很多五彩缤纷的尼泊尔汽车。

在国门前，我采访了一位执勤人员，他说："吉隆口岸有着悠久的历史。公元789年，吉隆就是中国西藏与尼泊尔交往和通商的要道，1961年吉隆口岸批准开放，1972年被国务院批准为国家二类陆路口岸，1987年成为国家一类陆路口岸。吉隆口岸外贸年进出口总额上千万元，近年来，中国与尼泊尔在经贸、旅游、文化等方面合作很热。"

热索，一个鲜为人知的山村！

吉隆，中国西藏的重要门户！

樟木：喜马拉雅第一国门

离开吉隆沿着喜马拉雅山下的新藏公路继续东行。过桑桑、昂仁来到拉孜县城。

拉孜县城处在新藏路与中尼公路的岔口，是去樟木的必经之路。在拉孜县驻足一夜，感受这里的环境。

次日清晨启程南下，过定日县到达聂拉木。然后顺中尼公路再向南而去。

骤然，行走的道路变陡，几乎是从喜马拉雅山中段南坡一路下滑，而且是从高海拔4000米以上的地带下行，相伴的全是沟坡谷地，山势斜度趋于45度，像是脱缰的野马一个劲儿向下坠落。公路两边一侧是陡峭的山崖，

· 眺望绿色的樟木峡谷山道

● 樟木口岸

● 俯瞰樟木一条街

间或参天大树、飞瀑潺流；一侧是峡谷云海，翻腾涌动，如涛似浪。经过40公里的行程，前面半山腰的丛林中出现一座小镇，像是悬挂在山间，这便是樟木镇。

"樟木"藏语为"邻近"之意，是318国道的终点，与尼泊尔接壤，为国家一类陆路通商口岸，距加德满都只有90公里。

来到樟木镇街口，只见密密麻麻的二层小楼挤在山坡上，自下而上错落有致，满街的尼泊尔背夫走来走去，花花绿绿的尼泊尔卡车来来往往，路边尼泊尔商品比比皆是。樟木，不失为一个与尼泊尔连接的边境小镇。说它小，是因为再没发展空间了，连一小块空隙之地都很难找到，见缝插针的层层住宅和商铺挤得喘不过气来，但站在街上并不感到气短和胸闷，因为这里的海拔仅2300米，没有高原反应。我沿街而行，除尼泊尔人外还有印度人，都在这里搞交易，这个山间小镇很有活力和人气。

据介绍，樟木镇居住着本地居民夏尔巴人，加上外来经商人员共计3000人。夏尔巴人本来住在周围大山中与世隔绝，祖祖辈辈过着原始的贫困生活，以背篓为伴，采挖贝母等草药为生。改革开放后他们从深山中走出来，会集到樟木做起了贸易生意，慢慢发展起来，一个个脱贫致富，盖起了小洋房。"夏尔巴"藏语为"东方"之意，和藏族人没有什么两样，但他们有自己的语言和文化。樟木和周围村的居民有个习惯，家家户户挂国旗，国家意识强烈。在樟木镇邦村，一提到次仁曲珍老阿妈人人皆知，她为表达爱国情怀，坚持天天升国旗，获得"大世界基尼斯之最"。

走到街口尽头是樟木口岸，称之为"喜马拉雅第一国门"，一面五星红旗在口岸上部高高飘扬，绿树映衬下更加鲜艳夺目。通过了解，中尼边境贸易发展迅速，交易额连年翻番，年交易额已过百亿，年过境人数成倍增长，已达120万人次，比1966年口岸初建时火爆多了，它是西藏最大的贸易口岸。

中尼边界以波曲河上的友谊桥中心线为界，与口岸相距8.7公里，因

• 中尼边境的尼泊尔妇女和孩子

• 货架上的尼泊尔产品琳琅满目

此樟木口岸有着中国口岸独一无二的例外，即"出关不出国，入境不入关"。双方边民都可以在这 8.7 公里范围内开展贸易交流，不办任何手续。为什么选择这个地方做交易，关键是这里没有空余地带，只有就地利用，名为"桥头交易市场"。这个地段有个叫德斯岗的村庄，居住的全是清一色的夏尔巴人，他们依靠得天独厚的地理优势，大做边境文章。我来到这个地方看到挨家挨户开着商铺，其中中国的商品为皮鞋、香皂、家电、服装、毛毯、玩具、五金等，吸引尼泊尔人前来购买。而尼泊尔人送来的多是油料、大米、面粉等。在商铺走访了一位夏尔巴人，她说一天下来要赚到 3000 尼币，折合 400 元人民币。

樟木大桥即中尼友谊大桥建造的非常漂亮，飞架在两山之间，桥头我方一侧站着两位边防战士，目视着络绎不绝的人群，桥下波曲河水奔流不止。这座大桥形似我国的赵州桥，走在桥上心情昂然，可眺望远处的雪山、森林、沟谷，好像置身于大自然的怀抱，人显得很渺小。大桥建于 1986 年，桥长 65 米、宽 7.5 米，桥架高 6.5 米，呈灰白色。

在桥头采访一位巡逻的边防战士，他说："在这里值勤要比高海拔地方轻松多了，但很潮湿，造就了多蚂蟥和毒蛇，林子里还有熊和豹，不时袭击，很是头痛。"

过中尼友谊大桥就是尼泊尔地界。靠波曲河边的一个小镇叫巴热比斯，这个镇没有樟木大，只有两百多户，但和中方边民一样，家家户户开展边境贸易活动，店铺林立，摊位遍布，所摆商品大都是尼泊尔货品，什么木碗、面粉、干果、药材等，供中方来客选购。据悉，有实力的人搞大宗交易，建中转站，将中国的货品从拉萨用大卡车拉到这里分装，再运到加德满都，还有的转运到印度，发大财，获大利。

樟木的采风画上句号，但这里给人留下的印象是极为深刻的，那吊挂在山壁上的小镇，那飞架的天桥，那朴实的边民，让人流连忘返。

珠穆朗玛峰：世界第一高峰

喜马拉雅山素有"山脉之王"的美称，而它的主峰——珠穆朗玛峰，简称"珠峰"，又誉为"天峰"。

去珠峰，我是离开樟木口岸后返程中，顺中尼公路北行，到达定日县去的。"定日"藏语意为"定声小山"，说是一位喇嘛掷石"定"的一声落在此地，便取名"定日"。

从定日去珠峰的路上，我见到许多藏民在路边摊出售各种各样的贝壳和螺蛳化石。从化石来看，这里原来确确实实是一片大海，过万年之后，沧海变桑田。又过上千万年，陆地再度升高隆起，直到形成天峰。

去往珠峰的路上（凌芸 摄）

珠穆朗玛的"珠穆"藏语意为"女神",而"朗玛"的藏语意为"第三",合起来就是第三女神。珠穆朗玛峰在我国早有记载,早在康熙年间就已发现珠峰是世界第一高峰,后来逐步为世人认定。而珠峰的高度是变化的,2020年由中国和尼泊尔两国领导人同时宣布,新测量的高度为8848.86米。

珠峰,是人类的向往、精神的升华、高洁的象征。那威严的身姿、庄重的容颜、洁白的衣衫,真像一位女神耸立在蓝天下,令世人"竞折腰"。

珠穆朗玛,地球的三极,为世人所望、世人所求。

然而,又有多少人为之捐躯,永远长眠于女神身旁:

1924年,英国登山人员玛洛里和阿宾登珠峰缺氧致死……

1974年,法国德渥阿松登珠峰遇雪崩身亡……

1982年,日本登山队员宗部明在珠峰合上了双眼……

昔人已去,后人相续。尽管有不少人在征服珠穆朗玛峰中丧生,但还是有不少人跃跃欲试,显露锋芒。

可见珠峰的吸引力是多么的大啊!

珠峰被誉为"地球之巅""万山之首",这是千真万确的。举目眺望,主峰英姿瑰丽、气势雄浑。在珠峰周围布满许多群峰,峰峰攒动,千奇百怪。

观珠峰还要看冰川,这里有十多条冰川,而最大的冰川要数绒布冰川,其长26公里,冰厚达120米。

走进绒布冰川,使你走进冰的世界,那直立的冰柱、倒挂的冰塔、悬吊的冰棍,真是千奇百态。

珠峰下的绒布寺是世界上海拔最高的寺庙,寺庙里藏有大量珍品。绒布寺是观看珠峰的最佳位置,再加上这里的佛教气氛很浓,引来不少国内外游客。寺庙里的僧人随着改革开放的潮流,腾出了庙房做招待所,供游客食宿。

珠峰周围的群峰中有3座8000米以上的大山峰,它们是世界第四高

● 珠穆朗玛峰

● 绒布寺

峰——洛子峰、世界第五高峰马卡鲁峰、世界第六高峰卓奥友峰，其海拔高度分别为8516米、8463米和8201米。这些山峰的雪线高度一般为5500～6200米。

珠穆朗玛是晶莹亮丽的，当仰望珠峰时，还会发现托起珠峰的喜马拉雅山系的雄伟。喜马拉雅山系逶迤绵延在西藏的南缘。梵文"喜马"意为"雪"，"拉雅"意为"住房、家乡"，合起来为雪的家乡。

喜马拉雅山系分东段、中段、西段。东段指南迦巴瓦峰至绰拉利峰，中段绰莫拉利峰至纳木那尼峰，西段为南迦帕尔巴特峰。喜马拉雅山系全长2400公里、宽250公里，平均海拔6000米以上，是地球上最雄伟高大而又最年轻的山系。

在托起珠峰的喜马拉雅山下，还有辛勤劳作的藏族同胞创造的人间奇迹，这就是一座座与珠峰交相辉映的闪亮的艺术珍宝——寺庙，如金碧辉煌而由女活佛主持的桑丁寺，藏汉合璧建筑夏鲁寺，有"中国第二敦煌"之称的萨迦寺等，都是景观绝妙的稀世珍品。

珠穆朗玛，不愧为"山脉之王""万山之首""地球之巅"，这座"天峰"成为世界第一高峰是中国人民的骄傲！

亚东：西藏的好江南

珠穆朗玛峰时隐时现，好像向你招手告别，为你送行。

汽车走过定日、定结，路过岗巴县的吉汝村，只见山坡四个大字：祖国万岁！这里距印度5公里，被称为"中印边境第一村"。我又走了6个小时才进入亚东县境，从塔纳下行全是冲积平原，风光优美，当行至一个叫帕里的地方，乡长在此等候。乡长说："帕里镇海拔4300米，有'世界高镇'之说，处在喜马拉雅山脊开阔、灰黄色的大坝子上，它是喜马拉雅山南北的分界点，东部与不丹接壤，只有一山之隔。"

"帕里"藏语是"猪拱山"之意，据说东边不远处的不丹境内有一头猪，从东边拱山到此，以此得名。在乡长带领下，东行大约十公里左右，看到山间的一个垭口，叫嘎波山口，这便是国界了。这里距不丹首都约六十公里。站在山口朝东眺望，不丹那边的房子和我方这边没什么区别，都是用石头垒起来的藏式房舍，黑瓦白墙，雕梁画栋，古朴陈旧。

▶ 一路下坡行至坐落在亚东河谷中的亚东县城

• 藏式房舍

• 滚滚的亚东河穿镇而过

　　帕里镇不大，境内只有两重小山，大多数人做边境贸易，他们通过边境垭口到不丹方拉炒米、草药等货物，送至拉萨转卖。不丹边境居民也纷纷到帕里做生意，只要在镇公安部门登记一下，即可自由出入，每年大约有上千不丹人到我方买胶鞋、布料、服装等货物。帕里有"世界最高商城"之称，它扼首着亚江峡谷，俯瞰孟加拉平原，自古为我国藏南军事重镇。

　　离开帕里继续南行，出镇口不远，汽车开始走下坡路，一直下滑。公路沿亚东河谷蜿蜒行进，山势险峻，树木参天，溪流哗哗，飞瀑不断，山花映衬，好像置身于江南一样。车行 46 公里，亚东县城到了。

在亚东，住进二层楼宾馆天已渐黑，从窗外看县府坐落亚东河谷上，房屋倚山而建，以河为面，形成"人"字形街，民居房顶多为铁皮，极有特色。

"亚东"藏语为"旋谷"或"急流河谷"，又称"卓木"，县府驻下司马镇，海拔 2300 米。亚东县从地形上看北高南低，自帕里向南延伸，呈北宽南窄条形状，基本上在喜马拉雅山南坡。全县森林密布，人口稀少。

第二天清晨，我到边境地带采风，这里与不丹和锡金接壤。

● 通向县城郊外的电影路

● 不丹边民　　　　　　　　　● 背草筐的不丹边民

晨光从东山露出，落在亚东河畔，照射在祖国南疆边境这座寂静的小镇，空气非常清新，一切都是那么新奇、原始和自然。

亚东所在的下司马镇距不丹和锡金边界20公里，乘车南下18公里处到达阿桑桥头，对于一般中国公民来说，到此后不能再向前走了。

过桥不远是一个岔道，一个向左，一个向右。向左的一条路一直伸向不丹，向右的一条伸向锡金。这里有大片原始森林，而且很深、很远，还有野草、野花、野兔。这里距锡金很近，不到20公里，翻山即到，印度已把锡金变为一个邦。锡金面积7096平方公里，72万人口，主要是尼泊尔族，也有藏族，处在中国不丹、尼泊尔之间。

西南方向的不远处是中国亚东口岸，这个口岸设在乃堆拉山口。

站在乃堆拉山口，感到空气明显稀薄、气温明显变凉，一问才知海拔上升为4500米，从这儿距锡金首府甘托克不远，距拉萨460公里，距印度

● 亚东国门

● 标语"绝不把主权守丢了"

加尔各答城市550公里。"乃堆拉"藏语是"风雪最大的地方",曾是"丝绸之路"南线的重要通道,当时大量的中国丝绸和丝织品由此路西转。据史料记载,这里也是当年唐朝高僧玄奘"西天取经"的途经之路,历史上就是一条重要的通商要道,贸易交流繁华。在西藏刚和平解放时是藏区最大的对外通商口岸,年交易额3000万元人民币。1962年的中印冲突,使这一山口陷入沉寂,边贸通道被封闭,出口用铁丝网隔离。2006年国务院批准这一山口重新开放,设中国亚东口岸。

亚东,一个鲜为人知的区域,一个神奇之地!

拉萨：世界最高的寺庙之城

到拉萨，第一感觉是这里的宗教色彩十分浓重。一座座寺庙镶嵌在山腰、林间，一条条经幡挂在屋顶、坡梁，一个个磕长头的信徒不断出现在路边、道旁，一群群摇着转经筒、念着六字真言的朝圣者遍布街头、巷尾。

拉萨，这座古老的藏城，笼罩在纸灰、香火、烟云之中，充满着原始神奇的色彩，闪示着玄妙莫测的光环，游离着幽深远古的梦幻，给人以恍恍惚惚、混混沌沌、虚无缥缈之感。

拉萨，藏语中"拉"是"天"、"萨"是"地"，所以拉萨合起来是"天地"，有"天神之地""圣地"的称谓。

布达拉宫

拉萨城坐落在冈底斯山中段，拉萨河北岸，海拔3700米。因为拉萨海拔高，阳光强烈，日照充足，故有"日光城""天城"之美誉。

"天城"拉萨是世界上海拔最高的城市。这座与天接近的古城，它的神奇、神秘、神圣、神气，让世人垂涎。其中，布达拉宫、大昭寺、罗布林卡被联合国列为世界文化遗产。

走进拉萨城，第一眼看到的就是布达拉宫。布达拉宫被誉为世界十大土木建筑之一，它是世界上海拔最高、规模最大、最为雄伟的古代宫堡式建筑群。

布达拉宫是西藏的标志，藏文化灿烂的象征。布达拉宫始建于公元7世纪松赞干布时期，坐落在玛布日山即红山之巅。整个建筑依山取势，层层向上，直至峰顶。宫体由红宫和白宫组成，红宫居中，白宫横贯两翼。宫顶金碧辉煌、熠熠生光；宫前广场开阔、绿意盎然。

布达拉宫是历代达赖喇嘛的冬宫，它集中了西藏的宗教、政治、历史、艺术、医学等诸多方面于一身，可以说整个西藏的文化就包含在其中。对于研究西藏的发展、进步和前景，有着极高的价值。

如果把布达拉宫比作西藏的标志，那么大昭寺应该说是拉萨的象征。到拉萨不去大昭寺，等于没到"天城"。在藏民中，有这样的说法：先有大昭寺，后有拉萨城。

大昭寺始建于公元647年，是藏王松赞干布为纪念尺尊公主入藏而建的。大昭寺尽管规模不大，但它的地位和影响却独占鳌头，令其他所有寺庙难以望其项背。因为它在藏传佛教信徒心中，具有神圣的地位。难怪我们到这里看到，朝拜者、磕长头者、转八廓街的络绎不绝，接连不断。

八廓街最初是环绕大昭寺的普通街道，后来成为朝圣者的转经路，如今这里又发展为商业的中心，成为集宗教、文化、商业、观光、购物于一身的繁华街道。这里卖藏药、藏刀、藏衣、藏器、藏毯、藏帽的人群与转经筒朝圣的人群交织在一起。

• 拉萨的罗布林卡

• 拉萨街头

拉萨城是闻名于世的宗教圣地，它不仅拥有布达拉宫、大昭寺、八廓街，还有达赖喇嘛的夏宫罗布林卡，药王山上的查拉鲁普石窟和摩崖造像，红山背后幽林中的龙王潭——宗角禄康，格鲁派创始人宗喀巴创建的第一座寺院甘丹寺，世界最大的喇嘛教寺院哲蚌寺，以野玫瑰得名并与甘丹寺、哲蚌寺合称"拉萨三大寺庙"的色拉寺等，都是旅游的好去处。

我站在拉萨的布达拉宫广场思绪万千，各种念头像雅鲁藏布江奔流不息，像喜马拉雅绵延不绝！

八廓街的举世闻名，还在于东南角的一幢米黄色的藏式小楼，特别是墙上挂着的那幅藏族少女画像，使游人不得不驻足欣赏。那迷人的脸庞、凝神的双眸、华丽的藏服、松软的毡帽，使你产生无限遐想。原来，这就是西藏六世达赖喇嘛仓央嘉措笔下的玛吉阿米，这里就是仓央嘉措当年经常下榻的地方。

故事还得从三百多年前的一个晚上讲起。

那是一个星月当空的晚上，六世达赖喇嘛仓央嘉措踏着夜色来到这座小楼，当这位宗教领袖刚走进楼时，一位月亮般纯美的少女也不期而至，她那美丽的容颜和动人的神情深深地印在仓央嘉措的心目和梦里。从此，仓央嘉措经常到这里来，期待着与月亮姑娘重逢。遗憾的是这位月亮姑娘再也没有出现过，仓央嘉措朝思暮想，凝结成一首情诗——

> 在那东方高高的山尖，
> 每当升起那明月皎颜；
> 玛吉阿米醉人的笑脸，
> 会冉冉浮现在我心田……

这首诗是仓央嘉措为追忆月亮少女而作的，诗文"玛吉阿米"藏语的意思是"玛吉"为未生或未染，即圣洁、无瑕、纯真；"阿米"是"阿妈"

• 拉萨，仓央嘉措下榻之地"玛吉阿米"（张晓林 摄）

的介词形式意为母亲，在藏族人的审美观中母亲是女性美的化身。所以"玛吉阿米"的全意是圣洁的母亲、纯洁的少女、未嫁的姑娘或可引申为美丽的遗梦……

和着动听的藏音乐，顺着阶梯我爬上这二层楼阁，浓郁的藏族风味扑面而来。当年仓央嘉措与那位月亮少女相遇的这座藏式酒馆，如今变成了"玛吉阿米餐吧"，以此来纪念仓央嘉措和追忆那首浪漫的情诗。

拉萨，高原上的日光城！

拉萨，寺庙群上的天城！

波密：藏家情·兵哥情·燕赵情

青山相伴，绿水相随……

清早，东方刚刚发亮，我就从拉萨启程了……

汽车顺川藏线一路东行，翻过海拔5013.25米的米拉山口、"中流砥柱"石岛、天镜巴松措，到达林芝首府八一镇，接着再过海拔5300米的色季拉山、鲁朗林海、排龙天险、通麦大桥、"102"亚洲第一大塌方，到达波密县城已是万家灯火。

去波密县城的途中过鲁朗景区

藏家情

在波密，我结识了一位藏族朋友，他叫扎西，为全国政协委员。扎西邀请我到他家做客，我欣然接受。

这是一个非常普通的藏家小院，在扎木镇的东部。院子不是太大，但显得很宽敞：碧绿的草坪、窄小的石子路、几株苹果树，映衬着一座住宅小楼。

当我走进客厅时，藏族的气氛非常浓重，屋里摆满了藏族各式各样的生活用品：藏柜、藏箱、藏椅、藏刀、藏服、藏壶……

扎西的爱人热情地为我倒奶茶，其儿子也赶过来，为我洗尘，非常热情。

茶聊中，扎西向我介绍了波密的情况。波密被誉为"西藏的江南"，有

• 做客藏家

"不到波密不算到西藏"之说。"波密"藏语意为"祖先",县政府驻地在扎木镇,海拔2700米。

扎西作为波密县的一位全国政协委员,实为不易。他一直给我讲民族团结,讲脱贫致富,讲地域经济,讲西藏的发展离不开党中央和国家的支持。

问:"家里几口人呢?"

扎西:"共6口人,我们夫妻俩,有三个儿子、一个女儿。"

问:"你的经济来源主要是靠什么呢?"

扎西:"自己是靠劳动致富的,我和我的大儿子搞运输,搞实体,很辛苦!"

问:"小儿子呢?"

扎西:"正在上中学呢,我整天在嘱咐儿子要好好学习,掌握更多的知识,以后做国家的栋梁!"

茶后,扎西用当地最隆重的礼节"穿藏服"来和我亲近,他说:"这才能体现出藏汉一家人!"

当我穿上藏服的时候,站在大厅中,俨然像一个藏族人,倍感荣幸!

随后,打开录音机,放了一首藏族歌曲《翻身农奴把歌唱》,我穿着藏服与藏家人一起跳舞、唱歌……

兵哥情

在波密县城,有一个"扎木兵站",为川藏公路线上的众多兵站之一,主要是为运输兵提供住宿、加油及休整之地。

这里还有武警某部交通某支队,主要负责川藏公路线上的道路抢险、修复,以便使川藏线畅通。

在此,我相识了一位武警战士孙泽森,他上大学时入伍参军,已在此

● 在武警某部战士带领下参观路况

服役好多年,把青春年华献给了川藏公路。

沿川藏公路,我有幸和孙泽森乘坐一辆车,一起察看了通麦大桥和"102"大滑坡地段,孙泽森向我讲述了他们抢险修路的实战情景。

塌方就有险情,滑坡就会堵路。孙泽森介绍,在青藏高原上的川藏、青藏、新藏三条公路干线,承载着90%进藏物资的运送,被称作"政治线、经济线、生命线"。

而有谁知道,我们的武警战士为了公路的畅通,付出的代价是鲜血和生命啊!这其中有多少中华儿女的身影……

梁明伟,参军不满两个月,在一次抢险中连人带车卷进泥石流……

曾玉,入伍才一个月零一天,抢险中飞石打来,当场死亡,年仅18岁……

黄新忠,刚刚度过新婚蜜月来到高原,正赶上抢险,不幸身亡,他哪里知道这竟成了和爱人的诀别……

张志宏,第二天要回家探亲,施工中突遇泥石流,一刹那化为泡影,夺去了年仅19岁的生命……

啊!这就是我们的武警战士!

啊!这就是我们的抢险尖兵!他们,每时每刻都在经受着生与死的考验,每时每刻都在和死神交火。但是他们挺得住,站得稳。

这就是兵哥哥的风格，这就是战士们的骨气！

"生命诚可贵，青春价更高，为了高原路，两者皆可抛。"

这是在武警战士中广为流传的一句名言。

多么可敬！多么可爱！多么感动！我们祝愿兵哥哥们的青春在高原永远闪耀，祝愿武警战士的生命在雪域永放光芒！

燕赵情

波密县中学坐落在帕隆藏布江南岸。在这里支教的有一批来自河北的老师，被藏民尊称为河北的好"改拉"！"改拉"在藏语中释为老师。

那是1997年，一群燕赵学子毕业后，抱着雄才大志来到西藏波密县。他们乍一到这里，看着雪山、密林、溪流，风光十分迷人，但是没想到藏饭、藏菜、藏话，使得他们非常难堪。吃不惯饭，喝不惯水，说不惯话。尽管自然环境漂亮，但人文环境适应不了。作为一名支教老师，最关心的是自己的事业。这里因为贫困落后，学生成绩极差。每年中考和高考，学生成绩都在全区倒数第一，这是他们最头疼的一件事，也是最棘手的一道难题。然而，这些河北人没有退缩，没有被困难吓倒，而是一切从零开始，一切从头起步。他们走进教室后将藏族孩子当成自己的弟弟妹妹，手把手教，一句一字练，真是呕心沥血、鞠躬尽瘁。

在教学中，为加强西藏人民对河北的了解，他们不断推举河北，介绍河北的名人，什么扁鹊、廉颇、蔺相如、张飞、祖冲之、郦道元等，还介绍河北的风土人情、大好河山。

回炳辉老师来自河北衡水，他在讲课时推介河北，比如刘备是河北的，燕赵热血儿女，风萧萧兮易水寒。他说他是河北人，连河北都不热爱的话，那何谈热爱祖国、何谈热爱西藏呢？

在西藏，在波密，这些燕赵之子、热血青年还遇到的另外一个难题是

• 与波密县中学教师谈河北支教

婚姻问题。因为这里汉族人少，河北人更少，结婚成了一个头痛的事。曹景奇是河北景县人，他很荣幸，找到了一个藏族姑娘成家了。他说因为年轻人有一股激情，当时来时感觉到挺光荣，扎根西藏嘛，找了个本地山南的爱人藏族人，为国家民族团结做了点贡献。

曹老师说："来这里以后最对不起的应该是家里人，父母年纪大了，所以在这里每次想家时感觉到特别难受，对家里这一辈子可能是没法报答了。"

解老师："来到这里，对于家里我只能用口头这么表达一句，祝你们平平安安！孩子在外挺好的！想家是想家，但是为了事业，希望你们能理解我孩子的心！"

黄老师哭着说："爸爸妈妈！我在这儿一切都好！你二老不要挂念……"

南迦巴瓦山峰高，哪有河北教师的品格高！

帕隆藏布江水长，哪有燕赵之子的情意长！

墨脱：到曾是全国唯一不通公路的县

　　去墨脱，是我一直的追求。我曾8次到藏区，但几次去墨脱，都没有成功。可想而知去一趟墨脱是怎样的艰难？没有公路之前，步行去墨脱是从米林到派乡翻越多雄拉山过背崩乡顺雅鲁藏布江到达县城，全程115公里，一般情况要步行4天。过去波密步行去往墨脱，也要几天的时间，因为要翻过海拔4640米的嘎隆拉山。今天，修通了波密到墨脱的公路，结束了墨脱曾是全国唯一不通公路的历史，让我实现了梦想……

· 嘎隆拉隧道

墨脱路

穿林海……

走山崖……

汽车飞奔……

时下，尽管到了秋季，而雨水还是特别多、塌方多、泥石流多，但又是风景最好的季节。

出波密县城南行就是去墨脱新修的一条公路。这条路从2009年开始修筑，已耗资9.5亿元。

车行半个多小时，经嘎隆寺来到嘎隆拉山下，只见一隧道口出现在面前。扎西司机说："嘎隆拉隧道长3315米，为打通这条隧道耗费了很长时间，工程量很大，过去到墨脱县就是这座大山的阻挡。"

嘎隆拉山常年积雪，冰层很厚，隧道开通前只有翻山而过，而且只有在夏季时才能翻越，翻山必须在中午之前，山上风很大，气温很低，稍有不慎，就会造成伤亡。翻越时间需三个多小时，现在一踩油门就穿过隧道了，缩短里程24公里。

过了一个叫浪弄贡的地方，路边有一石碑，上面写着"雅鲁藏布大峡谷国家自然保护区"，旁边是飞流的瀑布。站在观景台，一边就是雅鲁藏布江大峡谷，道路更加险峻；一边是悬崖峭壁，还有万丈深渊，底下是滔滔的江流。

透过树梢看，那是海拔7782米的南迦巴瓦峰，在阳光反射下，银装素裹，雪山更加亮丽、迷人。

雅鲁藏布江大峡谷深度可达6009米，长度504.6公里，在长度和深度上都居世界第一，美国科罗拉多大峡谷和秘鲁科尔卡大峡谷来说只能退居二线。

西藏段 **273**

● 险走泥泞路

行车中,又出现了"喜荣沟景区""泥石流路段"标牌,沿途有很多险情。

当穿过一座"莲花圣地墨脱"牌楼时,车停下来接受疫情测试。原来,这里是"游客接待中心"。

测试后,汽车继续前行。

当越过"蚂蟥路段"、水泥"达国便桥"后,又是一个醒目的标牌,牌上的指向为"果果塘大拐弯""达木珞巴民俗文化村",这里标记距墨脱县城为29公里。

当汽车行至达木地域,公路右侧出现了一个大拐弯,木牌上显示"大峡谷风光区"字样。在此,我特意照了几张照片。

这里更靠近雅鲁藏布江了,疑似听到水流作响,大有隐藏在云雾、雪山、密林中的人间绝域之感。

汽车几乎是一路下坡,自北向南,落差依山势而为。

从视线看,好像从7700米一下子滑到200米谷底,可以从寒带看到热带垂直分布的自然植物带，一眼望四季，从冬观到春。

突然，前面出现泥石流，这里是塌方区，路况不好，汽车艰难行驶。

当汽车穿过米日村，窗外出现一片田园风光。该村是小康示范村，标语写着"立下愚公移山志，打赢脱贫攻坚战"。

汽车顺着蜿蜒的山路，沿途风光无限，热带植物竞相争艳，难怪被人称之为"西藏的西双版纳"，太贴切了。

当穿越一座石灰大桥，前面出现了一个漂亮的牌坊，上面写着"秘境墨脱"，另一面写着"莲花圣地"，下面的一行字是"世界只有一个墨脱，墨脱拥有整个世界"。

车速减慢，前面出现了大片房舍。显然，目的地快到了。

回味起来：收费站、警检站、疫情测试点、蚂蟥区、原始森林、瀑布区、大峡谷，一路青山相伴，绿水相随，真是风光无限……

回首吧，一路惊心动魄：石崖、雪山、冰峰、急流、险滩，让你的心吊起来，而窗外的参天古木、奇花异草、飞鸟野兽、蓝天白云，又使你的心平静下来，真是又惊、又喜、又怕、又慌……

经过艰辛的跋涉，终于到达了墨脱县城。

站在墨脱县城，回望远去的雅鲁藏布江，俯瞰云雾缭绕的山城，怎么不让我激动啊！

莲花城

墨脱，这个久违的名字，我站在街头，感慨万千。大街上两边是整齐的商店、饭馆、旅社，还有歌舞厅、卡拉OK厅、影像室，一应俱全，在驻地听取了县里的一些情况介绍。

"墨脱"藏语为"隐秘的莲花"，是"花"的意思，处在喜马拉雅山脉南麓，与印度毗邻，海拔1200米，是西藏高原海拔较低的地方。

• 俯瞰全城

因为海拔低，雨水充沛，气候宜人，出现了丰富多彩、千姿百态、气象万千的自然景象：莽莽林海，杂草丛生，鲜花遍地，湖泊汇集，飞瀑流银。

清末定边首领刘赞廷来此后感叹："森林弥漫数千里，花木遍山，藤萝为桥，成为世外之桃源。"

墨脱又名白马岗，是"莲花圣地"之意，西藏著名的宗教经典称"佛之净土白马岗，圣地之中最殊胜"，是信徒顶礼膜拜的圣地。在佛教的意识中，莲花是吉祥之象征。这里有很多朝圣之地，如仰桑河、布达切波雪峰。风景名胜有汗密、老虎嘴和背崩瀑布及藤桥与溜索。

墨脱，这个寂静的"山庄"、边境的桃源、神奇的秘境，阳光下显示出神秘的色彩。

在墨脱，我遇到了一位边防战士，他是河北秦皇岛人，他介绍："我们常年巡逻在山野，没有人烟、没有道路，只有蚂蟥相伴，每次巡察回来，全身都是血迹，被蚂蟥咬得遍体鳞伤，毫无办法。"

正说着一位战士巡视回来，只见他脱掉衣服时，浑身上下都是血，这位小战士太可爱了，他说蚂蟥咬已经习以为常了。

这里巡逻任务很重，也很艰苦。已有29位边防战士牺牲在巡逻中，永远长眠在这里……

著名的墨脱县，有不少看点和可去之处，最有历史价值的是仁钦崩寺。这个寺庙坐落于墨脱县城边的山顶上。那里还有雅鲁藏布江果果塘大拐弯、德兴跨江藤网桥、门珞历史文化遗产及莲花圣地公园。

在墨脱，我专门去了县委县政府，了解援藏干部和内地干部在此工作和生活情况。

霍增华是河北宁晋人，曾在墨脱县当县长。当时，因没有公路，来去县里都靠步行。霍增华任县长的三年都是这样走来走去，况且每年10月到次年4月大雪封山，步行也难通过。有一年冬天，林芝地区召开重要会议，各县领导必须参加，这对霍增华来说是一个生与死的考验。数九寒冬，霍增华收拾东西后上路了，他踩着一米多厚的积雪艰难地前进。太险了！一边是雪山上的悬崖峭壁，一边是万丈深渊的雅鲁藏布江。突然，一阵狂风把他刮倒，霍增华从雪山上向下滑，滑呀滑！等他睁开双眼已是躺在悬崖边上了，庆幸的是他捡回了一条命。

霍增华刚到墨脱工作不久，就接到父亲病逝的消息。天哪！这么远的路途怎么能赶回去呢？没过两年，母亲去世了，霍增华又是眼巴巴看着电报，无奈的他站在山坡上，向着河北的方向痛哭失声："妈妈！您慢慢走，儿子在这里为您送行……"

墨脱县的发展得益于援藏干部，他们都对这个边境县做出了贡献。

墨脱，这个与世隔绝的神秘边疆县，有着独特的风光、迷人的境域，又是远离世俗之地……

莲花池

墨脱县城笼罩在云雾中,显得分外平静,更加神秘……

次日上午,我徒步去往墨脱县最著名的景点之一——"莲花池"。

当顺主街南行东拐爬坡到南山脚下,豁然眼前一亮,目光中突然出现了一片湖水,湖中的荷叶出污泥而不染,水灵灵、湿润润,好像在迎接客人的到来。

陪同来访的墨脱县文旅局的措姆女士说:"这就是莲花圣地公园呀!"措姆女士是一位藏族干部。接着,她用手指着下边的一个牌子让我看。

我问:"为什么取名'莲花'呢?"

• 雾中莲花池

措姆女士说:"墨脱藏语为'隐秘的莲花'之意,所以取'莲花'呀!"

我又问:"那'圣地'两字呢?"

措姆女士道:"这里是佛教圣地。"

说到佛教圣地,措姆女士又指着眼前的山说:"山顶上有一座寺庙,叫仁钦崩寺,在整个墨脱乃至西藏都有名气!每年朝圣的人很多很多!"

莲花圣地公园大门建造的雄伟壮丽,突出了西藏风格。

大门的正前方为一个硕大的莲花雕塑,非常醒目,又突出了"莲花"!

我们边走,措姆女士边介绍说:"莲花公园的设计包括它的外形、内涵、水域、装饰等,都离不开莲花。"

莲花圣地公园建造的来龙去脉是什么呢?

在湖边,竖立着标牌,做了详细介绍。措姆女士也做了说明。

2014年11月,广东援藏项目莲花圣地公园开工建设,2016年4月竣工,总面积达十余万平方米。整个公园以莲花造型为设计灵感,集莲花湖、休息凉亭、步行栈道、健身广场、商业古街以及门珞历史文化展示厅为一体。

措姆女士说:"在夏秋时节,蜻蜓戏水,莲花绽放;到冬春时分,鱼翔浅底,静影沉璧。"

我听了很有诗意!

"诗在远方!"对于我这个外地人,站在这里,对这句话有更深的理解!

不觉,来到湖边的一座耸入云天的白塔前,上面写着"墨脱古街"四个大字。原来,这是"墨脱县门珞文化古街"。

墨脱县是中国门巴族和珞巴族主要聚集地。历史上,墨脱门巴、珞巴族商贸古街边境贸易繁荣,由于墨脱历次地震和历史变迁,墨脱门珞商贸古街随之淹没。

为恢复当年繁华的边境贸易,向世人展示门珞民族、展示墨脱,向世

莲花池墨脱古街倒影

人展示独特的民族风俗、民族文化和民族特产。援藏工作队于2014年按历史上的门珞商贸古街进行恢复复制，恢复原貌。

刚走出墨脱古街，见到墨脱县在大街上正在搞"维护市场公平竞争和市场环境"宣传活动。有林业、农业、公安、税务、工商、教育等部门。顺此，我采访了县邮政局的白玛次仁、县打假办的王金龙和县旅游局的有关工作人员。

莲花阁

在墨脱的第三天，我早晨起来，迎着小雨在墨脱大街上行走。几天来，在墨脱县连续采访，接触了很多当地边民，他们的边疆意识、国家意识很强，使我感触很深。这里是秘境墨脱，是人们追崇的地方，如大拐弯、藤网桥、莲花阁……

我首先去了"大拐弯"。"大拐弯"是墨脱最经典的自然景观，被誉为墨脱的"名片"。

墨脱雅鲁藏布江大拐弯是指果果塘大拐弯，位于墨脱县德兴乡一个叫果果塘的地方。当我站在大拐弯处，眺望那刀劈开的峡谷，那滚滚而下的水流，那飞溅的浪花，让人震撼，令人惊讶，叫人感叹！大有水从天上来之感！这里距离墨脱县城只有12公里。

在这里，还可以看到飞奔的云雾、繁茂的树林、厚厚的草甸。真是一幅美丽动人的画卷！

藤网桥又是不能错过的景观，我慕名而去。

雅鲁藏布江穿越墨脱境内，县内有众多的支流，影响了人们的行走，带来了交通不便，为此造就了当地独特的桥梁，有钢索吊桥、藤网桥、溜索、独木桥等多种类型的桥梁。其中，藤网桥是大峡谷地区最具地方特色的桥梁。藤网桥最著名的为德兴藤网桥。我来到距县城不远的德兴藤网桥

"大拐弯"

前,看到整座桥没有一个桥墩,不用铁丝,全部用特别的白藤条编制成网筒状桥。

俯瞰雅鲁藏布江,莲花阁是个最佳位置。莲花阁又称墨脱门珞历史文化遗产博物馆。我住墨脱县雪域宾馆,从窗外就可以看到对面山顶上的莲花阁。我用了20分钟的时间爬到山顶,在宾馆前,竖有一个很大的莲花雕,很神秘!

我爬到莲花阁的顶层,能看到雅鲁藏布江的水流,又能看到墨脱城的全貌。

墨脱门珞历史文化遗产博物馆展示了墨脱县地理概况、传统的门珞民族农耕生产和生活方式、古老的狩猎文化、宗教民俗文化、纺织服饰及传统手工业文化以及这里曾作为全国唯一不通公路的高原孤岛模型。

参观莲花阁后,返回县城,应邀观看了当地门巴族歌舞表演。一首《天路》将演出推向高潮。

墨脱之夜是宁静的……

真是"蓦然回首,灯火阑珊处"……

墨脱这个边境穷县,一步步脱贫,发展到今天,实在是不容易啊!

墨脱,这个边境县太神奇了!

墨脱,这个边疆县太神秘了!

• 雅鲁藏布大峡谷国家级自然保护区

• 藤网桥

• 莲花

然乌：夜宿冰川之乡

汽车出波密，沿帕隆藏布江东行，江水汹涌澎湃，险滩随处可见；两边山上原始森林茂密，奇花异草遍布，峡谷中的溪水、雪水、洪水，冲刷着公路，汽车有时涉水而过，时而绕行，同时还要提防飞落的石块，冲毁的路段，滑向公路的泥土。

当行至一个山口时，南边出现大片大片的雪山、冰川，经打问司机才知道那是"米堆冰川"。司机说，米堆冰川很有名气，它由两条800米高、1000米宽的冰瀑布组成，中间是原始森林。

波密到然乌，号称"冰川之乡"，这一带冰川众多，其特点为地球上少有的中低纬度冰川，很容易爬上去。最大的冰川有"来古冰川""米堆冰川""仁龙巴冰川"等。

● 然乌镇上的藏族妇女们

● 湖边的村妇

我对冰川产生了极大的兴趣,既然来到这里,何不爬上去看看冰川呢?于是我让司机把车开到冰山下,尝试、领略了这里冰川的壮哉!

从"米堆冰川"返回,又上路了,路继续前行。

当快到瓦村时,然乌湖面缩成20米宽的一道出口,水流奔腾而下,这就是帕隆藏布江的源头。帕隆藏布江从此像一条巨龙穿破高山峻岭,形成帕隆藏布大峡谷。这条大峡谷可与美国的科罗拉多和秘鲁的科尔卡大峡谷媲美,完全称得上世界级的大峡谷。目前正在申请列入国家生态保护圈。

汽车过瓦村就是然乌湖的西段,湖水随着川藏路蜿蜒而去。据说湖畔没有东段那样宁静,但湖光同样优美动人:雪山、白云、绿水、蓝天,再加上曲曲折折的川藏路,另有一番景象。

瓦村很漂亮,这里一片田园风光:绿色的青稞苗,黄色的油菜花,青色的石头墙和藏式房屋、篱笆、牛棚,在湖光、山峦、白云的映衬下,显得十分古朴。瓦村藏民一再推介,这里是摄影爱好者的天堂、画家理想的画廊、旅游观光的地方。之后,又东行10公里,到达然乌镇。

然乌镇是一个很小的镇，因然乌湖而名扬天下。镇上只有一条街，牛羊满街跑。如果不注意写有"然乌镇人民政府"的牌子，还以为是个小小的自然村呢。政府招待所是一座木制楼房，专供宾客下榻。街上有几家四川人开的饭店，专为外地人提供餐饮。这里的藏民既纯朴又勤劳，每天把自家的农产品装上拖拉机外运。

然乌镇是川藏公路的必经之路，也是到察隅县的三岔路口，地理位置很重要。为此，附近设有兵站，兵站前写着大红标牌："战友们，一路辛苦了！"武警交通支队也在此设了点，确保这一地段的通车安全。这一带雪山多、溶水多，冲刷的冰石常常阻碍交通，尽管修筑防护长廊，铺设防护网，仍有不少冰柱、石块飞落。

然乌镇把然乌湖分割成"八"字形长条，一撇沿川藏路而上，一捺沿然察路而下。凡是走川藏线的人都能看到一半然乌湖，另一半要专程去才行，而且这一半更加宁静、幽美、神秘。

在镇政府采访时，工作人员向我介绍，既然来到然乌，就一定要去领略一下然乌湖的壮美。

我顺然察公路下行十多公里，来到然乌湖畔。放眼望去，波上寒烟翠绿，平静如镜的湖面，洁白如玉的雪山，轻飘如棉的浮云，晶莹透亮的冰川……

然乌湖海拔3850米，面积22平方公里，由伯舒拉岭山、阿扎贡拉冰川、岗日嘎布雪山围垅，四周山上的雨水、冰水、雪水流下来后形成了湖泊。

然乌湖风景优美，吸引了不少游客，就连外国朋友也不远万里到此观景，尽赏人间天堂。昨天，法国来了两位客人，今天又去了湖边的冰川探险。

镇上工作人员谈了然乌湖的开发和利用，准备用一两年时间建成集观光、休闲于一体的度假村，让更多的人到然乌湖来看看祖国的河山。

在然乌湖南边，我来到了著名的"仁龙巴冰川"脚下，于是顺势走进冰川。"仁龙巴冰川"海拔4243米，全长7公里。信步在冰川，领略冰清玉洁、一尘不染的冰川世界……

晚上，返回然乌镇，入住然乌观景酒店。

然乌之夜，让您体味冰川之美……

然乌湖溪流

去往然乌湖……

察隅：与印度、缅甸接壤的边境县

早出晚归，日夜兼程……

我们乘车驶向西藏东南最边缘地区察隅县。

我是从然乌出发的。途中，先是经过然乌冰川区，穿过一片片湿地、草地，走过高山草甸时，海拔顿时升至4600米，当到达海拔4900米的德姆拉山口，天气骤然变凉，山顶摆满玛尼堆和经幡。之后便一路南下，海拔逐渐下降，尤其过了桑曲河大拐弯，出现茂密的森林，山坡上写有"放火烧山，牢底坐穿"的字样，此地海拔降至2300米。

去往察隅的途中过海拔4900米的山口

● 途经桑曲河大拐弯

正在急速前进,突然亮出检查站,旁边有一巨石,上面写着"桑久",察隅县到了。

我首先去县委、县政府,了解了察隅县的一些情况。

察隅县南与印度、缅甸接壤,边境线长588.64公里。

察隅县委、县政府驻地为竹瓦镇,海拔2369米。我走进县政府大楼,了解县情。

这个县城看起来不大,整个城夹在一个山谷中。一条大河从城中穿过,河的两边建有一些高楼大厦和民房,只有一条主街道。

我在县城去了中心广场、农贸市场、藏产品专卖店采风。

下午,出察隅县城南口,顺着"沿山路"所指方向,徒步半个多小时,终于爬上半山腰中的英雄坡。

这里埋葬着一批革命烈士。沿途很多人去英雄坡纪念园,缅怀革命烈士。

● 俯瞰察隅县城全景

英雄坡纪念园包括军魂、石雕、英雄坡纪念馆、革命烈士纪念碑、纪念园楼牌和烈士墓地。

最为庄严厚重的是耸入云天的纪念碑，上面写着"革命烈士永垂不朽"。在纪念碑前，缅怀革命先烈，我怀着沉重的心情，缓步走向革命烈士纪念碑献花，追忆革命烈士：今天祖国的发展壮大离不开这些革命烈士，我们要更加热爱我们的祖国，致敬我们伟大的祖国。

纪念馆展示了解放军进军西藏解放西藏、全面平息武装叛乱、中印边境自卫反击战等内容。

同时，也讲述了西藏的历史。

西藏是伟大祖国的神圣领土。早在公元前，住在这里的藏族先民，就与汉族及其他民族有着广泛的联系。公元7世纪，松赞干布统一西藏，13世纪西藏正式成为中国的一个行政区。

• 作者怀着沉重的心情向革命烈士献花

纪念馆展示了西藏人民及察隅县很多真实的照片和实物。

下山后,接着又去县广播电视台了解情况。

察隅今天的发展离不开党中央和国家的支持,也离不开内地来的援藏干部。自2016年起,广东支援察隅县,到2018年年底使察隅县顺利完成了脱贫摘帽任务。

在察隅县,帮助该县脱贫的还有其他内地干部。李振芳是河北人,他下乡到察隅县搞扶贫,因为没有公路,他步行走了察隅县的21个自然村,大半个县城都有他的足迹。一次,李振芳在上察隅,被滚滚的河流挡住了去路,水急浪大河深,只有一根细细的吊绳通过树杈滑过去。这可把李振芳难住了,这位河北大汉真是犯了愁。此时,一位藏族青年走过来,将他紧紧抱死，搂在一起向对岸滑去。哪知两人太重，速度加快，滑棍失控，"砰"的一声撞在岸边的石崖上。即刻，那位藏族小伙和李振芳碰的满脸血花，当场晕了过去……

这，就是我们的援藏干部……

是夜，察隅县城沉寂在一片歌舞声中。我走向县中心广场，这里会聚了很多藏族群众，在灯光下跳舞歌唱。

歌声，赞美可爱伟大的祖国！

舞步，迈向更加美好的明天。

• 沿县府大街应邀去听援藏干部的事迹

下察隅：走进独有的僜人部落

从察隅县城出发，一路下行，顺桑曲河向 61 公里外的下察隅行进。

窗外，绵绵不断的山川，古木参天，小溪、瀑布纵横，云飞雾绕，峡谷内奔腾的河水匆匆南下，冰川入林，银蛇舞葱茏的奇观随处可见，风光无限。

当行车半个小时，路边一巨石写有"清水河"红字。下车一看，原来河水"清""混"分明，成为一个旅游景点。

- 沿水流黑白分明的清水河去下察隅

• 到达僜人部落

汽车继续前行，过边防站时，经过反复的检查、询问，看了边防证才让通行。

过边防站不远，到了下察隅镇。这是一个很小的镇，但街道很干净。在镇政府，见到了镇党委书记向巴次仁，他说："下察隅镇政府所在地海拔1548米，是察隅县的边境镇之一，西与上察隅镇相连，东南与缅甸相接，中缅边境线长25公里；西南与印度接壤，中印边境线长95公里。"

出镇后，爬上一座山头，穿过沙琼村头，眼前突然出现了一个古老的木门牌，上面写着"僜人部落"。可见，已经到达了僜人部落住地，这是一个原始部落。

在部落，酋长带领参观。酋长看上去六十多岁，他介绍了僜人的情况。我国的僜人主要分布在察隅县境内，共计1300人，僜人虽有自己的语言，但没有文字。

在老房屋看族人历史

● 酋长接受采访

在部落房舍边，我和酋长边走边谈——

问："您这个部族过去生活怎么样？"

酋长："我们僜人部落坐落在高山峻岭台地上。解放前我们生活在中印边境的深山老林中，边远偏僻的山区，以山洞、木棚为家，过着刀耕火种非常原始的生活。僜人备受歧视，被蔑称为猴子、野人，有人把僜人称为米什米人，意思就是不开化的人。那个时候，以狩猎、吃树皮、野果、鸡爪骨、苞谷为生，可以说衣不遮体，常常处在食不果腹的境地。而且迷信横行，驱鬼活动时常发生，环境恶劣，迷信思想很重，生活条件不好，营养不良，小孩成活率很低。"

问："僜人家庭成员组成呢？传统习俗呢？"

酋长："我们僜人是一夫多妻的家庭社会，以前一个男人多则有几十个老婆，少则也有两三个老婆。我们实行的是买卖婚姻，一个男人娶多娶少，完全取决于家庭的经济实力。僜人一般把几个老婆中的一个作为正房，丈夫多数日子与正房过。僜人的房子与其他民族不一样，大约宽3米、长25米。里面分成数个小单间，供自己的女人们住。房间里习惯面挂各种牲畜、野兽头骨。用来显示家庭的富裕。"

问："当地政府重视这个部族吗？"

酋长："1968年，当地政府开始动员我们僜人从深山老林搬至山下，分配土地，修建家园，改变了过去居住面积狭小、黑暗的落后面貌。"

问："现在脱贫了吗？"

酋长："我们这个原始部落，祖祖辈辈住在这里，原来生活确实很贫困，经过最近几年党中央的扶贫，现在已经脱贫，过上了好日子。我们僜人要感谢党中央的好领导，感谢国家的好政策！同时，也感谢内地来的扶贫干部！"

走在僜人部落，参观院子、住屋。僜人住家皆是木房，在客厅，主墙挂有毛主席像，对面壁上挂满了动物头角。

离开僜人部落，我又北上去上察隅。

顺着察隅河支流上行50公里，到达上察隅镇。镇政府处在半山坡，大门两边挂着7个牌子，左边是个大广场。

上察隅镇政府所在地米古村，坐落在贡日嘎布曲河畔。该镇南与印度接壤，边境线长120公里。

在上察隅，我去了西巴民俗村，这是察隅县唯一的珞巴民族村，20世纪80年代，散居于察隅县各村的珞巴族人，响应国家建设边疆，固边守边的号召，聚居于西巴村。

返程了！上察隅、下察隅、察隅，三个察隅都留下了足迹，真是流连忘返啊……

丙察察：路难难于上青天

一天阴云……

一路艰辛……

汽车艰难地向着云南省边境县贡山县的丙中洛行进……

完成西藏边境县察隅县的采风后，开启了下一段云南省边境线的踏行。

第一站是去贡山县的丙中洛。

早晨八点从察隅县县城出发了。

八点！是什么概念？因为地球自转的原因，有时差，这里现在的时间相当于内地北京早晨的六点。

• 启程丙察察线公路的始端

察隅的天刚放亮不久，就上路了。

刚出县城，道路边一个岔口，竖立着一个醒目的标牌，上面写着"丙察察305KM"。

"丙察察"！对于这个词，有些人可能不太了解。但对于汽车司机尤其是当地司机，听到后必会毛骨悚然！

丙察察线，是从察隅县经察瓦龙乡到丙中洛乡的一条老滇藏公路，也是最早最原始的一条马道，取三个地方的第一个字，为"丙察察"。

● 翻越第一个垭口海拔4706米高的益秀拉垭口挂满五颜六色的经幡

丙察察！这条公路太险了！俗话说"蜀道难，难于上青天"！而对于"丙察察"线来说，是"路难，难于上青天"！或者说是"青出于蓝而胜于蓝"！

汽车在盘山路上前行，刚一出城不久就遇到了山上滚下来的石头！尽管说石块不大，也着实让人捏一把汗啊！

有人说："能自驾车全程走下丙察察线，那就是英雄好汉！"

穿过一片林海，爬上一面山体，到达第一个垭口，为"益秀拉垭口"，海拔4706米，头稍微有些晕。此地距察瓦龙132公里。山顶有很多经幡和玛尼堆。

高海拔行车，千万不能大意！

过了第一个垭口，汽车一路南下。路，变得更加险恶！

丙察察，实际上是过去的茶马古道，汽车是沿茶马古道跨滇藏边界，去云南怒江傈僳族自治州贡山县的丙中洛。

茶马古道是我国历史上内地和边疆进行茶马贸易所形成的古代交通路线，分川藏、滇藏两路，为中国西南民族经济文化交流的走廊。我走的是滇藏茶马古道。

茶马古道沿线风光独特，古迹遍布，历史文化熠熠生辉。此时，我深深理解了北有"丝绸之路"、南有"茶马古道"的含义。

车行一段，前面出现太阳能发电板，到达第二个垭口，海拔4498米的"昌拉垭口"。

这里是次旺拉山，设有一块巨石，上面写着：次旺拉山藏语意为南福德者山，垭口海拔4505米，距察隅县城92公里，察瓦龙乡96公里。相传，梅里雪山众神护佑察隅一方水土，将降妖除魔、扬善抑恶、传播正能量，成为藏族人民引以为豪的神山"卡瓦嘎布"。

离开垭口，继续前行……

几经盘山……

几度颠簸……

过日东村，汽车艰难地爬到第三个垭口"雄珠拉垭口"，这里的海拔为

● 第三个垭口雄珠拉垭口

● 两江交汇

● 怒江大桥

• 慢行九曲十八弯峡谷山路

4636 米。旁边有巨石、经幡。站在山顶向下俯瞰，公路弯弯曲曲，像绳索一样缠来缠去。

站在山头，眺望那远处的高山、那飘动的云朵，"无限风光在险峰"！心旷神怡……

下山了！

山路，九曲十八弯！太险峻了！

路旁一黄牌警示：雪崩路段，观察通行。

此处的路碑标：219 国道 6666……

紧接着，前面出现拔地而起的高山，直上青云。向下俯瞰，麻花似的公路，一圈一圈……

下行，下行，再下行……

拐弯，拐弯，再拐弯……

穿过高山峡谷，海拔下降。在"让舍曲 1 号中桥"路段，不远一个大牌子上面写着："前方进入滑坡、落石多发地段，请来往行人车辆注意观察，确保安全后单车通行"。

汽车一直下行到怒江沿岸，与怒江并行。

突然，一个大拐弯，目光中出现"怒江大桥"四个大字。

怒江大桥到了！那奔腾而下的江水，那滔滔的水流，那腾起的浪花，让人震撼！叫人心动！

这，就是三江并流的第一流啊！"三江并流"于 2003 年被联合国列为世界自然遗产。

这里桥头立有"怒江与玉曲河交汇"石碑，石碑上面写着：左边的怒江发源于西藏那曲地区，在本地境内流域长 99 公里；右边的玉曲河发源于西藏昌都地区，在本地境内流域长 55 公里。相传，察瓦龙位于梅里雪山的西面，原本是野兽横行的无人区，梅里雪山众神为平衡生态系统，从远方引入男左女右，两条血脉交织孕育出了吃苦耐劳的察瓦龙人，如今两条河

● 山沟沟里的察瓦龙乡

神奇交汇形成了独特的风景，寓意世界这么大"你我"有缘千里相会。

汽车又启动了！

穿过一片片山石，越过一段段泥巴，涉过一条条溪水，到达察瓦龙乡。

察瓦龙！它是"丙察察"的中间位置，也是沿途最大的一个乡。仍归属西藏，仍在察隅县境内。不过，它是察隅县最东南部的一个乡。东临梅里雪山。

在藏语里，"察瓦龙"的意思是"炎热的峡谷"。察瓦龙乡是丙察察公路的中点和重要的交通节点，是察贡公路、察察公路、察左公路的交汇点。

有意思的是，这里的公路路标恰好是"6666"！

6666！六六大顺！这是4个6啊！只见很多过客在此照相。

● 险闯大流沙

不言而喻！我想：以后的路应该顺畅了！

汽车穿过察瓦龙乡街道，有学校、商铺、饭店、旅馆，还算繁华。

过了乡政府，右侧出现了著名的"大流沙"壁，很像泥石流瀑布，这也是丙察察线的标志之一。

穿过一个村寨，为一个三岔路口，地处舍曲河中桥，此处距丙中洛68公里。

汽车仍在西藏地界前行，右边窗外，突然出现很多经幡，原来这里是一个景点，可以俯瞰河流的奔腾……

汽车又上路了，弯道少了许多。

经过一个凸出的悬崖，当地人叫"老虎嘴"。过去后，山壁上出现了"西藏"两个大字，原来，滇藏边界到了！这里竖立着很多标牌，其中有"外国人禁入""滇藏界"，最明显的是一处"滇藏分界点"石碑，上面的介绍为：滇藏分界点是茶马古道滇藏马帮的必经点，距察瓦龙乡政府驻地 54 公里，距丙中洛乡政府驻地 32 公里。

之后，就进入云南地界。

"山穷水尽疑无路，柳暗花明又一村。"

没想到，一进入云南，全部变成了柏油路！

汽车像撒欢儿的野马在飞奔！

窗外：青山、绿水、树林、草地、野花，春意盎然！

这时，真是心花怒放啊！

下午晚些时候，终于到达了渴望已久的丙中洛！

这里，展示的是另一种别样的梦幻中的边疆风情……

• 险关老虎嘴

• 好不容易走到西藏边界，即滇藏分界线

怒江、澜沧江、金沙江咆哮而下,十万大山雄踞北部湾……位于中国南部的云南、广西段国境线,全长约5080公里。沿线贡山、腾冲、瑞丽、打洛、磨憨、河口、麻栗坡、凭祥、东兴等,相邻国家缅甸、老挝、越南。这一线段是少数民族最多的地带,有壮、彝、瑶、苗、白、傣、哈尼、纳西、布依、仫佬族等,极有边境特色,"一井两国""一街两国"及两国边民同族、通婚现象不足为奇,还有版纳风光、三面界碑、元阳梯田、德天瀑布……

05
第五章

云南—广西段
从三江并流到十万大山

丙中洛：世外桃源的桃源

　　从西藏的察隅沿丙察察线到达丙中洛，险象环生，而风景大美！

　　回味起来，也很有意思：沿边境线走过了中国最险的公路之一丙察察，流连忘返……

　　这，太让人值得回忆了……

• 乱云飞渡丙中洛观景台

• 世外桃源——桃花岛

丙中洛归属贡山县。贡山县地处云南省的西北角，而丙中洛又处在贡山县的最北端。贡山县被誉为"世外桃源"，那么丙中洛就应该是"世外桃源的桃源""风景之中的风景"！

当我第一次踏上丙中洛这片神秘的土地，顿感进入一个仙境般的童话世界：那湛蓝湛蓝的天空，一片片白色的云朵，一座座绿色青山，一幢幢宁静的农舍，实在太美妙了⋯⋯

丙中洛处在一个山坳，怒江由北而南贯穿全境。沿江两岸是碧罗雪山和高黎贡山，两山夹一江，形成了典型的峡谷地貌。政府驻地海拔1750米，是怒江峡谷深处的开阔台地。

到达丙中洛，我首先去了"丙中洛观景台"，这里竖立的地标石碑很显

• 著名的怒江第一湾

眼,是欣赏这个小村镇风光的最佳位置。石碑地标朴素、大方,有些仿古的色彩,尤其是"丙中洛"三个蓝字很神气,又很平和。

站在石碑前俯瞰桃花岛,尤为出神,大有风景这边独好的感觉:那连岛大桥、梯田、农舍、山林,被云雾半遮半挡,"犹抱琵琶半遮面",很有诗意。岛上坐落着扎那桶村。

为什么叫桃花岛呢?原来这里三、四、五月桃花开,村民们每年农历二月初十桃花盛放时过"桃花节",节日中村民们用桃木、荞麦面、稻草、竹子做成桃花样品,投入江中,祈求不再被大水折磨。

从"丙中洛"观景台南行十分钟,来到"怒江第一湾"。看吧!那咆哮的河水、滚滚的江面、腾起的浪花,太震撼了!在这里,因怒江被山坡阻

雄关漫道石门关

隔绕行 270º 大弯而形成。当地的李向导对我解释说："怒江流经此地日丹村遭遇王箐大悬岩绝壁的阻隔，江水的流向从由北向南改为由东向西，流出三百余米后，又被丹拉大山挡住去路，再次掉头由西向东急转，在这里形成了一个半圆形大湾。"

顺怒江水流，掉头来到"石门关"，这里处在丙中洛台地北端。站在怒江边，近距离感受怒江的汹涌。听吧！涛声震耳，浪声飞飘。怒江从高黎贡山和碧罗雪山两座绝壁中穿过，形成一道 500 多米高、近 200 米宽的巨大石门，为此叫"石门关"，当地人称之为"南礼墙"，这里是进出滇藏必经之路。在"石门关"正中一座山体上，刻有"石门"两个大红字。再向北走，又是一个怒江大拐弯，不过这个大拐弯没有叫响。

丙中洛境内共有国家级 4A 景点 3 个，除"怒江第一湾""石门关"外，还有"丙中洛田园风光"。

"田园风光"最美莫过于雾里村。当穿过雾里村庄走向村外的农田时，一下子把我吸引住了：一坑坑稻田、一条条田埂、一池池水塘，平静而去的怒江，云雾缭绕的山林，把我带进一个田园世界。在田间，我和一位村民聊了起来，他说："我们村坐落在丙中洛景区内，是一个传统的怒族村落，于 2013 年被评选为中国最美乡村，2016 年被评选为云南特色旅游新地标。"

天色近晚，我来到了丙中洛这个小小的村镇，只有一条主街，最老的建筑是一座红色的木楞房，保持了原始状态。街道两旁有很多西藏特色，最突出的是"卓玛小吃"店。

我走进卓玛小吃店和卓玛老板聊了起来。

问："这里有多少个民族？"

卓玛："15 个少数民族，其中独龙族、怒族、傈僳族、藏族占总人口的 99%，是丙中洛镇的主体民族。"

• 锁在浓雾下的雾里村庄

问:"这里藏族元素不少啊!"

卓玛:"是!此地本来原为怒族居住地,自清朝道光年间,藏传佛教西藏喇嘛进入丙中洛扎根之后,藏族人纷纷从西藏、德钦、中甸等地陆续迁徙而来,成为这里的主要居民。"

据历史记载:丙中洛原名为"碧中",藏语意为"藏族村"。傈僳族从澜沧江流域和怒江下游迁徙到此处定居时在原"碧中"加上"洛"的音,就是现在的"丙中洛"。

丙中洛,一个遥远之地,难于到达之地,却有着别样的风情!

丙中洛,风景中的风景;桃源中的桃源,只有身临其境才会真正体会!

泸水行：远征军·石月亮·老虎跳

巍巍高黎贡山……

滚滚怒江河水……

踏访丙中洛之后，我开始向怒江州政府所在地泸水市行进！途中，要经过远征军回国渡口、石月亮和老虎跳。

"穷孩子赶上闰月年"。从丙中洛启程时，恰恰赶上了下大雨！

云蒙蒙……

雨淋淋……

汽车迎着大雨行驶……

公路上落雨湿漉漉……

行进42公里后，到达贡山县城。穿越贡山县城时，看到这个县城夹在一个山谷中，所有建筑清一色的土黄色，非常漂亮！贡山县地处滇西北怒江大峡谷北段，北靠西藏，国境线长172公里，是云南西北最偏远的一个县，县政府驻茨开镇。贡山县有世外桃源的称谓，境内的江中松、石神门、乃龙寺、石门摩崖石刻等，风景极佳。

沿怒江大峡谷去泸水，一路稻香一路风光

● 石月亮山峰

● 远征军回国渡口

"天气像孩子的脸，说变就变"，这时天空变蓝，雨过天晴，大地像换了新装，非常靓丽！

蓝天、白云……

青山、绿水……

汽车在前行时路边出现一巨石，上面写着"远征军回国渡口"。下车后，我采访路边的村民，他介绍了远征军的情况。他说，中国远征军是抗日战争时期中国入缅对日作战部队，亦称"中国赴缅远征军""中国援缅远征军"。1941年12月，根据《中英共同防御滇缅路协定》编成，远征军受盟军中国战区参谋长史迪威中将和罗卓英司令长官指挥。该军由第5、第6、第66军编成，计9个师十万余人。

讲完后村民指着前面的岔口说："当地建了一个渡口，是远征军走过的路，现在开辟成了一个景点。"

按照村民指的地点，我前去考察了一番，进一步了解了远征军的情况。

上路了！

仍然是青山绿水，仍然是沿着怒江行走。

当穿越"石月亮隧道"后，看到了高山上的一个巨孔，原来这就是"石月亮"。我走进路边的咱利村，了解"石月亮"。一位傈僳族妇女介绍，石月亮在高黎贡山3300米的峰顶，石孔是大自然形成的穿洞，洞深百米、宽40米、高60米。在怒江边很多地方都能看到。这个石孔很像月亮，所以叫石月亮。傈僳语称它为"亚哈巴"，也是石月亮的意思。

接续前行，仍然是高山峻岭。

我看到，半山腰零零散散的村庄，几乎家家户户都挂着国旗。透过那一面面鲜艳的国旗，马上意识到这里的边境人民是如何的热爱自己的祖国啊！保卫祖国、保卫家乡的心切是多么的珍贵啊！顺此，我在路边采访了一位村妇，她说："我们这里是偏远地区，

● 怒江岸上向边民了解脱贫成就

过去特别贫困，国家的扶贫政策，让我们脱了贫，所以我们要感恩国家！"

汽车开路一马领先，超过多辆卡车。到达福贡县时，这个县城同样由怒江穿越，同样处在一个深山谷中。

福贡县隶属怒江傈僳族自治州，地处滇西北横断山脉中段碧罗雪山和

• 瓦拉亚窟溶洞

• 老虎跳

　　高黎贡山之间的怒江峡谷，位于云南省怒江傈僳族自治州中部。东与兰坪县和维西县交界，南与泸水市相连，西与缅甸接壤，北与贡山县相邻。

　　过福贡县城，怒江河变宽，水流急湍。

　　穿越一个"金满银滩"的地方，这里稻浪滚滚，一派田园风光，好似金银滩涂。目光中，乡村出现不少标语：感恩共产党，感谢党中央！

　　碧罗山，越来越高……

　　怒江水，越来越急……

　　汽车飞奔而过，穿越溪水、瀑布……

　　行至腊玛登景区、怒江"老虎跳"的地方，汽车停下来。

　　站在怒江边，看到这里的水流汹涌澎湃、浪花飞溅、涛声震天！

　　在岸上，我走进几个卖水果的边民中。经打问，才知道这里是称杆乡。边民说："我们在这里摆摊，收入还可以。现在我们这个贫困地区，谈不上富裕，但脱贫了。所以，我们自觉地挂国旗，感恩祖国。"

　　老虎跳，又称双纳瓦底老虎跳峡谷，傈僳语称"腊玛登培"，意为"老

泸水市1970年建成的向阳桥

● 泸水市的地标天桥浮雕

虎跳峡谷"。峡谷长10公里、谷岸高1500米,两岸距离最窄处只有10米。谷中奇峰奇石林立。在此,我用长镜,拍下峡谷的景色。

老虎跳不远处,还有一处"瓦拉亚窟",是个天然的大溶洞,傈僳语为"蝙蝠溶洞"。溶洞全长25公里,内有石柱、石笋、石钟乳,千奇百态。此地据泸水市38公里。

飞驰的车轮,穿越"老虎跳"隧道,顺怒江河一路南下。下午五点多钟,到达泸水市。

泸水市归属怒江傈僳族自治州。这个州国境线长449.5公里,辖泸水市、福贡县、兰坪县、贡山县。泸水市政府驻地为六库镇。

信步于泸水市大街上,感受这个边境市的繁华和古老……

夜幕中,走进街头,一曲曲民族歌舞飘向大山,荡漾在怒江上空,久久回响……

片马：云雾中的边境口岸

乌云遮天，大雾笼罩，汽车向着片马口岸行进，途中的云雾特别大，远山、森林、河谷，淹没在大雾中……

我是早上八点多从泸水市出发的。汽车沿着盘山路一直上行，因为雾太大，只能慢慢地前进。

经过"高黎贡山国家自然保护区"石牌，穿过"风雪丫口桥洞"，雾更大了。浓雾中，路边写有"片马风雪丫口"的石碑模模糊糊。

雄关漫道石碑旁的中国片马口岸

• 国旗、党旗在大雾中的片马风雪丫口高高飘扬

车行一个小时，顺路看了"片马人民抗英胜利纪念碑"和"片马抗英纪念馆"。

在纪念碑旁，我询问纪念馆的人员："此处是何时立的纪念碑？"馆员解释说，当年片马人民会同泸水各土司武装，充分调动景颇、傈僳、彝、独龙、怒、汉和白族等各少数民族，给英国侵略军以沉重打击。为此，当地政府遵照上级领导的指示建馆立碑，将此地作为爱国主义教育基地。

参观了纪念馆，感触到片马人民是英雄的人民。

返回公路继续赶路，晨雾稍缓。

片马镇到了，这是一个边境小镇，位于高黎贡山西坡，恩梅开江支流（中缅界河）以东，国境线长 64.44 公里。此地距离边境很近，这个镇很繁

抗英胜利纪念碑

华,在这里办理了很多繁杂的手续,还必须到镇医院检查身体量体温,确定没有问题才放行。

又走了半个小时,下午一点多钟,终于到达片马口岸。

片马口岸建造的威武庄严,这是一座非常有特色的国门。国门上写着"中国片马"金色大字,还有"雄关漫道"石刻,很庄重。

片马口岸地处云南省高黎贡山国家级自然保护区西坡腹地,南、西、北与缅甸接壤,是怒江州唯一对外开放的省级口岸,已成为怒江州经济腾飞中的一翼,是云南省对外开放的重要窗口。但是,由于疫情,口岸一直关闭。

我站在国门前,这里静悄悄、冷清清,边防战士持枪守卫在国门前。

• 党旗下的边境检查站

在片马口岸，我不仅观看了国门，还走到界碑前。当站在界碑前，心情就是不一样，这可是中国国土边界的标志啊！这时，一股热血油然而生：祖国在我心中！向我们伟大的祖国致敬！

界碑的对面是缅甸的国土和缅甸的国门。

一个小时的参观结束了，就要恋恋不舍离开中国片马口岸。

回首吧，向边防战士敬礼！

致谢吧，我们最可爱的人！

● 缅甸村庄

● 多路参观者会集在界碑前共同高呼："祖国万岁！"

腾冲：火山口·大滚锅·和顺城

披星戴月……

夜奔腾冲……

昨天傍晚离开片马，连夜摸黑沿滇西山谷南下，一路群山，一路夜色，向着我国西南边陲腾冲进发……

腾冲是云南省保山市管辖中最西部的一个边境地区，与缅甸接壤。

·火山溶岩石堆砌的"问天"石雕

由于夜晚行车，路况不好，时常堵车，当行至保山前，一堵竟堵了两个多小时。

利用堵车的时间，查看百度，了解有关腾冲的情况。腾冲历史悠久，西汉时为滇国越国，东汉属永昌郡，元、明、清时先后设署府、州、县，曾是西南丝绸之路的要冲，地理位置重要，历代王朝派重兵把守，明代还建了石头城，称为"极边第一城"。

天苍苍……

地茫茫……

汽车在暗夜中艰难地行驶，走走停停，直到次日凌晨一点半才抵达腾冲。

一觉睡到大天亮，便又开启了腾冲的踏访，第一站是去看火山。

火山口

汽车向火山口行进……

司机介绍说，腾冲位于横断山系南段，高黎贡山西麓。在这片广阔的山地中形成"十山九无头"的奇异火山地貌，之中耸立着99座新生火山群，气势磅礴，雄峙苍穹，被誉为"火山之县"。火山还与88处温泉地热并存，成为世界罕见的奇观。

在腾冲山峦间穿行，像走进奇山异水的画卷中，这里被誉为"天然植物园""物种基因库"，透过那参天的秃杉之王、杜鹃之王、银杏之王，依稀可见那一座座火山尽显雄姿，火山坑有的如硕大马蹄，有的似煮天之巨锅，形态各异，穷尽万象之妙。

翻过几架山梁之后，顺龙川江西岸我来到腾冲火山群国家公园，这里距县城25公里，公园门庭由火山石堆砌而成，显得古朴、原始，有回归自然的感觉。从示意图上标示可见，这是国家重点风景名胜区。

过大门后首先参观了火山博物馆,然后拾级而上,向最著名的大空山顶逐登。经过半个多小时艰难爬行,总算登顶。

豁然,一口巨锅似的山坑从山顶陷下,低头下望,深渊莫测,显然这就是火山坑,再向周围眺望,那黑空山、长坡山、火山湖、大团山等一览众山小,众多景点神奇可触。

赏景之余,许多看客纷纷在此照相留影,把人体装进火山坑。

在坑沿,堆积许多黑色的火山石,还用火山石筑起一座石碑,上面题写有两个大字"问天"。火山坑像张开大嘴,冲天呼喊!仿佛能听到大山呼天喊地的声音。

大滚锅

腾冲地热资源为中国之冠,十分丰富,成就了这里独特的热海,成因大概与火山有联系吧。腾冲热海景区就汇集了许多温泉。

之后,我驱车半个多小时,来到城西南 12 公里处的热海温泉。从很远处就看到山上热腾腾的蒸汽冲天而上,缭绕山间。

● 热海大滚锅

"腾冲"是否因此而得名还待考察,到达景点大门口,这里标注的是4A景区,人也很多。进门乘缆车行至山脚下,然后再沿阶梯而上,过半山腰中的"美女池""鼓鸣泉""热海浴谷",爬到山顶之上的"热海大滚锅"。只见一约50米直径的圆水池像开了锅一样翻滚着热浪,蒸汽袅袅升腾,飞潮熏熏,灼热烫脸。在水池对面山壁上写有一行繁体字:"热海大滚锅"。

看字迹已很久远。在热池边,一位妇女将一篮子鸡蛋放入水中,没一会儿就煮热熟透,之后在一边叫卖,说是吃了长命百岁。

下山的路上,工作人员介绍,这里聚集了十五处温泉和气泉,其中10个温泉群的水温达90度以上,早在清朝时期就享有"一泓热海"的美誉。这里包含了喷气孔、冒气地面、热沸泉、喷泉、爆炸泉等六大景观,这方面积为9平方公里的温泉群中汇集着惊人的自然奇迹。

和顺城

腾冲不仅有火山、热海,还有著名的侨乡和顺,和顺曾荣登中国十大魅力名镇榜首,已有625年历史,其位置在城西侧3公里处。

当我来到此地,想不到祖国边疆还有保存如此好的古建筑群。走在窄小的石板街,穿过一道道古胡同,看着那一座座古老的石板房,感叹历史的厚重。

和顺古称"阳温暾",因境内有一条小河绕村而得名"和顺"。民国元老李根源先生写和顺的著名诗句"万家坡坨下,绝胜小苏杭""富庶更能知礼义,南州冠冕古名乡",很有味道。

这里有古牌坊、古祠堂、古亭阁、古石碑,还有文昌宫、元龙阁、中天寺、双虹桥魁阁、月台,及古街道、古石栏、古民居、古河塘、古树等,景色仿佛让你回到峥嵘岁月、沧桑年代。

• "和顺顺和"牌楼

这里有艾思奇等很多名人故居,历史文化积淀很深,住宅建筑保存完好,没有受到破坏,成了令人追忆的好去处。

顺山路沿小河我走进艾思奇故居。他是中国著名的哲学家、思想家,1910年生于此地,早年留学日本,1935年参加中国共产党,曾任上海《读书杂志》编辑、《解放日报》总编,著有《大家哲学》等,在文化思想研究上卓有成效。艾思奇故居建造得文雅、古朴。

在河塘上,讲解员为来客朗读了中央电视台评选"中国十大魅力名镇和顺"颁奖词:

六百年历史孕育了极边古镇,三大板块文化交汇成丝路明珠,乡虽小,却有全国最大的乡村图书馆;人不易,还有大半留居世界各地。一代哲人古里,翡翠大王家乡,小桥流水有江南风情,火山温泉是亚热带风光。更有月台深巷洗衣亭,粉墙黛瓦,稻浪白鸥,一派和谐顺畅。一座滇西小镇,占尽天时、地利、人和。

和顺有很多古建筑,古街、古房、古门、古墙、古院,有很多上百年的古建筑。为什么这些古建筑能留下来呢?我的房东尹文红对我说:"和顺有一个学者在日本留学,娶了一位日本贵族女人。当年日本在攻打腾冲时,这位女人传话日军不能打和顺!"

滇西抗战纪念馆是腾冲的爱国主义教育基地。门前挂有当年云贵监察使李根源的手书"国殇墓园"石刻匾牌,墓园中埋葬着中国远征军第二十集团军为收复腾冲与日本军队战死阵亡的九千多名将士。

这一天恰逢星期日,腾冲市成群结队的市民及各界人士陆续走进国殇墓园,凭吊阵亡烈士并献花:牢记历史,勿忘国耻!

● 和顺古巷

● 和顺老街

• 国殇园雕刻墙

　　国殇墓园占地 3.7 万平方米，1945 年 7 月 7 日落成，是全国建立最早、规模最宏大的国军抗日烈士陵园。

　　门口木牌上介绍，腾冲国殇墓园以小团坡为起点，在其东北向的中轴线上，建有"攻克腾冲阵亡将士纪念塔""腾冲战区抗日烈士墓""抗日英烈纪念堂"及墓园大门。

　　腾冲国殇墓园是在中国远征军收复滇西、策应密支那抗日作战取得胜利之后，为纪念攻克腾冲的第二十集团军阵亡将士而修建的烈士陵园。

猴桥："丝绸之路"的通道

迎着晨风，碾着晨露。

次日又上路了，去往腾冲的猴桥口岸。

又是一个晴朗日……

又是一个艳阳天……

汽车沿着腾密公路飞奔而去……

窗外无限风光……

● 猴桥口岸国门

开车的尹文红先生一边开车一边介绍腾密公路的情况。他说:"腾密公路是腾冲—密支那的一条跨国公路,从腾冲过猴桥口岸通往缅甸。在疫情之前有大量的车辆沿这条公路从这里出入境,每年货流量很大。"

我问:"这里原来有路吗?这条路是什么时候建起来的呢?"

尹先生说:"过去没有路,只有一架用藤索编成的吊桥。人在桥上行走,像猴子一样跳过去,因此,称为猴桥。后来修了一条古道。其实,早在西汉此地就有了古道,到了近代,著名的史迪威公路从境内穿过,留下了抗战等珍贵文化历史资源。"

我问:"什么叫史迪威公路呢?"

尹先生说:"20世纪40年代,在古道基础上修筑军事要道中印公路,又称史迪威公路。腾冲的边境有三个口岸,其中猴桥口岸更有特色,就是有这段历史。此口岸要过'中缅友谊隧道'。这里有一段道路为腾密公路,是腾冲至缅甸密支那的过界公路,长200公里。腾冲公路是沿史迪威公路北线修筑的。"

尹先生换了一口气,接着说:"史迪威公路,又称中印公路,历史上是一条从昆明到印度雷多的公路,很险要,一面悬崖,一面深谷,是当年滇西抗战打通的一条运输生命线。"

一个小时的行驶,来到猴桥镇,猴桥镇的西边竖立着"猴桥口岸"石碑,已经破旧,表明猴桥口岸到了。

猴桥镇东临滇滩、固东、马站三乡镇,南接中和镇,西与德宏州盈江县盏西镇、支那乡毗邻,东距腾冲城

• 猴桥镇边的口岸碑

区52公里,西北与缅甸接壤。有南1～4号界碑、北1～2号界碑,国境线长72.8公里。

在镇里走马观花参观了一下,之后紧接着继续前行。

穿越"栗树坡"隧道时,尹先生说此地原来叫"中缅隧道"。中缅隧道改建后也有很长一段的时间了。

过隧道,路边出现"黑泥塘"石碑,已经老化,字体模模糊糊。旁边有大片"黑泥塘民族特色村"建筑群,很气派!这里还建造了一处处娱乐和表演场所,吸引游客到这里来参观。

● 黑泥塘

该村四百多口人都是傈僳族人,"上刀山,下火海"是他们的民族特色。傈僳族属于蒙古人种,民族语言属汉藏语系藏缅语族彝语支,文字分为新老傈僳文。傈僳族源于古老的氐羌族系,与彝族有着渊源关系,主要分布在怒江、恩梅开江流域。

行走中,眼前呈现出猴桥口岸。猴桥口岸建造得气势恢宏,五星红旗在上空高高飘扬!口岸的一侧是中国边检大楼,另一侧是一幅红色标语"党的光辉照边疆,边疆人民心向党"。

站在猴桥口岸,这里原来是一个山口、古道,是古"丝绸之路"的通道,现在是经济走廊!口岸大楼前边是一个很大的广场,然而这个广场静悄悄,几乎没有一个人影。

这时,一位执勤人员走过来主动向我介绍说:"平时,这里的车辆很多,常常是排很长的车队。因为疫情,这里已经封关,所有车辆禁止通行,

• 党的光辉照边疆　边疆人民心向党

• 值勤人员介绍口岸年进出车辆

所以现在看起来很清静。"

执勤人又带我走近哨卡，介绍说："猴桥口岸是中国与南亚、东南亚相连的一个重要通商口岸，中缅贸易的重要前沿。猴桥与缅甸山水相连，距缅甸甘拜地口岸8公里，距缅甸密支那121公里，是史迪威公路通往印度支那半岛的要冲，也是西南丝绸之路的必经之地，为国家一类口岸。"

据介绍，这里还开通了猴桥口岸到缅甸密支那的旅游路线。不过，疫情期间已关闭。

猴桥口岸，沉浸在一片寂静的山野中……

佤乡：司莫拉·银杏村·北海湿地

腾冲有得天独厚的地理位置，地处亚欧板块与印度洋板块相撞交接之地，形成世界罕见且典型的火山地热并存区。境内不仅有火山、温泉、湿地、瀑布众多景观，还居住着很多少数民族。

司莫拉陈列馆

司莫拉

阳光灿烂……

万里无云……

今天的天气特别晴朗,天空湛蓝湛蓝的。我从腾冲市出发南行,向着机场方向 13 公里处的司莫拉行进……

窗外,远山近水,一片田园风光。

车内,不断播放《阿佤人民唱新歌》——

村村寨寨,哎,

打起鼓敲起锣,

阿佤唱新歌。

共产党光辉照边疆,

山笑水笑人欢乐……

20 分钟车程,当进入清水乡时,前边出现一个巨大的标牌,上面写着"幸福清水,司莫拉欢迎您"。

到达清水乡三家村中寨司莫拉佤族村,在疫情期间,经过了严格的检查,才让进村。

村口有一个木牌,上面详细地介绍了村里的情况。

"司莫拉"为佤族语"幸福的地方"之意。佤族,亦称"守土人",是土著居民之一,在漫长的历史长河中佤族逐渐形成自身的特色。该地区佤族不仅定居当地较早,而且作为较早与当地汉人交流融合种植水稻和其他经济作物的守土民族之一,是当地"濮人"社会的重要组成部分。司莫拉佤族村是中国少数民族特色村寨,有五百多年的历史。这里平均海拔 1730

● 做客李发顺家

米,青山环抱,泉水潺潺,空气清新,古树古林,彰显原始生态之美。寨门、图腾、酒歌,绽放民族文化特色,保存了佤族民俗。

村中有风情广场、古民俗文化陈列馆、礼堂、古树群、农耕文化等体验区。

我首先来到"司莫拉佤族民俗文化陈列馆",学习了佤族的历史。

信步走在村街上,看到这里真是一个古老的村寨。我先后去了陈列室、木鼓房、礼堂、小卖部,参观了街道两边墙上的图画和图腾。

在街心,我访问一位老者,他说:"司莫拉有74户,278人。我们佤族古代大多数在边缘区,迁徙无常,不留遗粟。在迁徙中刀耕火种,狩猎而居,在原始森林中寻找适宜生存的环境。我们腾冲地带的佤族很早就结束了原始生活。采用汉族先进的生产和生活方式,而保留了我们供奉土主、祭拜树神、祭寨、牛丛会等原始宗教和民俗,使佤族文化的精髓深刻在我们的心中。"

中午，做客村民李发顺家，这里是一个普通的农宅。就餐中，观看了央视录制的专题片《情满司莫拉》。

餐后，恋恋不舍地离开了这个古老的村庄。

告别司莫拉，汽车上又一次响起了《阿佤人民唱新歌》……

银杏村

汽车翻山越岭，走进江东古银杏村，这是省级重点建设文明村，位于腾冲北38公里处。

· 与陈国萍交流银杏村　　　　　　　　　　· 银杏村上百年的银杏树

银杏村，顾名思义，与银杏有关。当我走进银杏村的时候，看到村里村外生长着大片大片的银杏树，有的银杏树有上百年的树龄了。

我做客在陈国萍农家。陈国萍，是一个有头脑的农民。他的农家院很大，足有五亩多地，在他的农家院里生长着很多银杏树，大院的中部有一棵银杏树在此生长了110多年。

陈国萍利用自家农家院的优雅的环境，创建民宿住地，吸引了很多人在他家住宿，吃农家饭，观农家景，过农家的日子。其中，有作家、演员、记者、主持人等。

在他的大厅中，挂着他与崔永元、敬一丹等很多名人合影的照片。

陈国萍51岁，全家6口人。他在接受采访时说："我的祖祖辈辈在这里生活，我们家从贫困走向富裕，现在能够过上幸福的生活，我要感谢党！感谢政府！"

北海湿地

离开银杏村，我们去往腾冲北海湿地踏访，感受祖国的大好河山。

经过半个小时车程，来到北海湿地。站在湿地沿岸，放眼眺望：那波光粼粼的水域，那绿油油的芦苇，那一片片的淡黄色浮萍，那一摊摊的水藻，在蓝天白云的折射下，简直是人间仙境……

在湿地边，我采访了两个正在干活的当地妇女。她们说："这里的湿地，原来实际上是一片沼泽地，周围是村落。在过去的年代，由于贫困，哪有心思去理会这里的沼泽地呢？四周很多污水向这里排放，臭气熏天。现在，人民富裕了，过上了幸福的生活。当地政府为了保护环境，将这片沼泽地整修为湿地，让越来越多的人感受这里的美好环境。"

北海湿地位于腾冲城北12.5公里，是中国首批公布的33个重点保护湿地之一，我国西南地区唯一的亚热带高原火山堰塞湖草排沼泽湿地。

• 大自然之美——北海湿地

湿地保护区内物种丰富，各种草本根系生长串接。经过60万年的枯荣沉淀，形成厚度一至两米的漂浮草毯，一百多种开花植物相继绽放其上，七彩神奇。

据湿地工作人员介绍，湿地四季景色宜人，春季的花海、夏季的苍翠、秋季的多彩、冬季的候鸟，诠释着让人流连忘返的梦幻水乡……

湿地、银杏、佤乡，留下永久的记忆……

瑞丽：有一个美丽的地方

一路山光水色，一道山寨村舍。

从腾冲出发进梁河驶入云南省最西部的德宏州地域，再顺盈江向前走过陇川即是与缅甸交界的瑞丽。路上，不断聆听瑞丽的市歌《有一个美丽的地方》——

有一个美丽的地方啊啰，
傣族人民在这里生长啊啰，
密密的寨子紧相连，
弯弯的江水呀碧波荡漾……

这是我第二次到瑞丽。第一次是 2015 年，初来时的印象极深，太值得回忆了……

瑞丽美丽，因瑞丽江而得名。站在瑞丽江畔眺望这个只有 16 万人口的边境城市，让人陶醉、迷恋。眼前到处是凤尾竹葱茏，大榕树垂髯，竹楼阁藏掩，瑞丽江潺潺，好一派南亚热带风光。

当人们一唱到《有一个美丽的地方》，就想到了瑞丽，这首歌是杨非创作的。在歌曲创作地勐秀山上，特立了一块石碑，成为一处景点。

瑞丽历史悠久，是勐卯古国的发祥地，可追溯到公元前 364 年，曾是麓川王国、勐卯果占壁王国和滇越乘象国三大古国的国都。

从地形上看，瑞丽像是个刀把子伸向缅甸，西北、西南、东南三面与缅国相连。"刀把子"连接的国界处，分布着两国 5 座城镇，其中有中国的瑞丽、畹町，缅甸的木姐、南坎、九谷。两国山水相连，犬牙交错、田畴插花、村寨相依，形成一井两国、一院两国、一街两国、一桥两国、一寨两国、一岛两国的独特景观。两国边民同饮一口井、同走一条路、同过一座桥、同住一个院，友好往来，通婚互市，胞波情谊，源远流长。

在瑞丽市，我去两国同饮一口水井之地走访。当来到此地时，只见一口很平常的水井坐落绿树旁。水井用水泥砌成，上面写着"一寨两国水井"，国界从水井中间穿过。井边有两口缸，分别写着"中国"和"缅甸"。缸旁站着中国妇女和缅甸老人，她们都在提水。当走访缅甸人时，她用不太标准的中国话说："我们千百年来和中国人共饮这口井，从来没有闹过纠纷和矛盾，相处非常和好。"说完，她打了一桶水让我品尝。这时，中国妇女靠拢过来指着缅甸人对我说："她家的鸡跑到我家下蛋，我家的鸭子跑到她家吃食，从没有吵过嘴。"

同饮一井水，是中缅两国边疆代代友好的象征。当年周恩来总理与吴巴瑞总理共同走过的畹町桥，著名的史迪威路等友谊相间的历史遗迹随处可见。特别是陈毅元帅的题诗"我住江之头，君住江之尾，彼此情无限，

• 瑞丽口岸

共饮一江水；彼此为近邻，友谊常积累，不老如青山，不断似流水"，深印两国百姓心里。

作为改革开放前沿阵地的瑞丽，开发力度很大。在中缅边界我方一侧的姐告开辟了边贸区"中缅友谊街"，位于缅方的木姐建成商贸"百象街"，贸易交流蓬勃发展向上。姐告边境贸易区是2000年国务院批准的，它是中国唯一按照"境内关外"模式实行的特殊管理的边境贸易区。

瑞丽口岸建设得更加亮丽。富有民族特色的口岸国门上写着"中华人民共和国瑞丽口岸"十一个烫金大字在阳光下闪闪发光。瑞丽是我国对缅甸贸易最大的口岸，是通向东南亚的重要门户，被誉为通向南亚的金大门。透过国门，可见缅甸口岸也修建得很有民族特色，恰似一佛塔高高腾起。口岸附近就是界碑，碑的两面分别写有中国和缅甸的文字标记。

我通过口岸，来到缅甸木姐的百象街采风。"木姐"当地语即"繁华热闹城镇"的意思。在木姐的百象街，中国商品和缅甸货汇集在一起，街道两旁中缅两国文字交织在一起，中国人和缅甸人混杂在一起，两国车辆穿梭在一起，真叫繁华热闹，不失为"木姐"！街上一棵大榕树前，建有一佛塔公园，这里香火很旺，满是参观和供奉的人群。白塔

• 头顶圆盘、脸上涂粉的缅甸姑娘

钻向蓝天，一侧是整整齐齐列成一大长队的塑像昂首前瞻，足有半里之长。塔院中，许多衣着花花绿绿的缅甸少女，头顶大圆盘，盘中装满香蕉，在人群中游走，寻求合影者，每照一张100元缅甸币，合人民币一元钱。

坐落在瑞丽江南岸上的缅甸南坎县与瑞丽弄岛隔河相望，是一个古老的县城，距瑞丽市32公里。凡是过境的都要去此县观光。山脚下公路不宽，迎面是手扶拖拉机、三轮车、牛车，好像回到了我国20世纪五六十年代。这里还留有"二战"时期的遗迹，如木板桥、铁架桥和战地医院旧址。赶到南坎县城，这哪像一座城？清一色的小矮房，二层楼都很少见，连中国的一个村庄也比不过。县政府大门紧闭，据说政府官员们星期三和星期六上班，其他时间不来，令人不禁感慨万千。

再行走了一段路程，路边出现一巨型大佛像。进门后，每人发一顶草帽，抬头一看，佛像头顶一巨型遮阳伞，这才明白要与佛同心。戴着斗笠

• 缅甸境内的巨大佛像

颈戴铜圈的缅甸老人

前行，猛然发现不远处山体上还躺着一硕大的佛身塑像，安然、慈祥。

南坎民族花园舞台上两个八十多岁的老太太脖子上戴着一长串铜圈，足有半尺长。这是缅甸少数民族哥央族，是世界上少有的一个民族。哥央族以脖子长为美，妇女在很小的时候就开始在脖子上戴铜圈，让脖子拉长，所以哥央族人的脖子比一般人要长得多。台上，两位老人表演了脖子舞，还表演了家织布。

据介绍，缅甸边民生活还不富足，但治安非常好，男耕女织，没有骚乱。为此，不少中国边民过界在这里盖别墅，过世外桃源、远离世俗的生活。南坎县共8万人口，其中两万是华人。

峰回路转。汽车上又响起瑞丽市歌《有一个美丽的地方》，优美的歌声，飞洒在山寨、丛林、小溪。

临沧：八百里路云和月

汽车离开瑞丽，又沿边境线东行……

一路东去，冒雨向着临沧市飞奔……

为了赶路，我们五点半就起床了。整理好行李、去早市买些东西后，于8点钟从瑞丽出发向下一个目的地临沧市进发。

瑞丽至临沧约400公里，预计行车9小时。

400公里，800里路啊！

雨越下越大……

路越来越滑……

一个小时后，突然雨停了，太阳露出笑脸，湛蓝的天空飘动着棉花朵一样的白云！

啊！祖国的河山太壮丽了！

启程临沧之路，沿途农耕繁忙

• 龙陵县勐糯镇怒江打黑大桥通向施甸县界

汽车走出两个多小时，进入镇康县地域。镇康是个边境县，边境线长96.4公里。这里的边民文化气氛很浓，其中最有名的是"阿数瑟"曲调，已成为中缅边民的文化元素。现已拍成文化音乐故事电视剧《镇康回响·阿数瑟——阿婀娜》。该县边境还有跨国溶洞，是中国唯一的"一洞跨两国"自然景观。

在龙镇大桥桥头，出现了防疫检查站，旁边的巨幅标牌上写着"美丽边陲，开放镇康欢迎您"！

在此，因为疫情管控，禁止通过，于是便原路返回，改道去临沧市。

阳光灿烂……

白云朵朵……

汽车朝着临沧市飞驶……

改道后，经过一座"打黑大桥"。"打黑大桥"位于龙陵县勐糯镇怒江打黑渡。大桥横跨怒江，连通龙陵与施甸两县，也是勐糯镇通向施甸县的交通枢纽。

汽车又继续前进……

行走在施甸县境内,田野风光非常漂亮。施甸县有著名的"野鸭湖""西竺庵""清平洞""姚关人"遗址、"恤忠祠""施甸长官司"等。

一个小时后,进入施甸县南部的酒房乡。在此稍加休息,转了几个小店铺,了解了一下这里的生活情况,接着上路。

窗外青山绿水好风光,不少标语写着脱贫致富,最突出的一个蓝色标语挂在整个山头,上面写着"坚持预防为主,创建平安永勐",这个地方应该是永勐地域。

又行车两个多小时,经过一个小镇,碰到了一辆漂亮的高级长途客车,上面写着"永德至昆明",后来经过一番询问,这里是永德县境内的永康镇地域。

当经过永德仙根,又称土佛,震撼了!那一根根冲天柱状的山石,让人惊叹!这些山石立柱共有两百多处,占地0.1平方公里。行走在立柱林中,太神秘了。这些红黄色的沙石立柱,巧夺天工,似塔、如筒、像碑,最高的达三十多米,堪称奇观。

* 永德县山上的仙根土佛令人惊叹

● "恒春之都"临沧市

车轮在飞转……

汽车在疾驶……

两边的风光非常漂亮：蓝天、白云、高山、绿水，像一幅美丽的画卷挂在眼前……

穿谷地，走峡谷，过高山，经过十二个多小时的急驶，到达临沧已是灯火阑珊，万家灯火……

临沧市位于祖国的西南边陲，以濒临澜沧江而得名，西南与缅甸交界，290公里的边境线上分布着3个国家级口岸，是中国面向东南亚和南亚"辐射中心"的前沿窗口和重要通道，是古代"南方丝绸之路"的出口要道，其中三个边境县包括耿马县、镇康县和沧源县。

临沧市被笼罩在夜幕中，很多少数民族在街心跳广场舞。

临沧处在澜沧江流域，造就了很多景区，其中有百里长湖景区、沧源崖画、翁丁佤族古村落、鲁史镇等。

次日清早，我特意去临沧市区参观，浏览这座边疆城市的特色之处。

临沧，没有深入地去采访，但到达临沧市的一路艰难，领略了……

西双版纳：千里江陵一日还

临沧的晨光是美丽的……

临沧的朝霞是漂亮的……

这一天的行程是从临沧市沿边境线到西双版纳首府景洪市，计500公里，达1000华里！

这是这次走边境线较长的一段路程，是挑战极限的一天。

从临沧市玉龙酒店出发了！汽车沿着澜沧江一路南下……

老别山在招手……

澜沧江在欢唱……

● 途中板坝桥外郁郁葱葱

● 曼听御花园

　　车出临江，过机场，走大寨，穿斗阁，越双江，一路顺风……

　　当行至边境县澜沧境内的板坝桥头，突然被检查站亮出红灯。

　　被检查站拦截，这是可以被理解的。因为是在疫情期间行车，检查站也是为我们的安全负责！被检查站卡住，那么就意味着此地的边境线采访戛然而止。只有想办法了，和警官交涉，把车门和窗口贴上封条才打开绿灯！

　　山穷水尽疑无路，柳暗花明又一村……

　　汽车总算又上路了，开启了继续前进的征程！

　　群山万壑起舞……

　　千里长河狂欢……

　　汽车像脱缰的野马，在山水中穿行……

　　车轮滚滚，过上允，富邦，进入澜沧县城。

　　过县城后，经过一个标牌，上面写着"澜沧东主革命遗址"，很醒目。

　　下车后，我听当地人的介绍说："那是1949年1月22日，中国共产党党员傅晓楼奉命率部队从谦糯区到达募乃区东主村，成立了剿匪指挥部，28

日向募乃发起全面总攻，向大山半坡寨的石炳麟匪巢发动攻击，2月1日，募乃战斗胜利结束，澜沧革命武装起义取得全面胜利，标志着澜沧全境解放。"

原来，这是一处革命遗址。看完后又开启了行程……

出了澜沧县地界，进入西双版纳傣族自治州境内。

又是一片新天地……

又是一幅好画卷……

"亲吻我的国土，致敬我的祖国！"……

这是我的动力所在！行驶在祖国的南疆，心情是多么的愉快啊！

穿过勐满、勐遮、勐海，最后到达西双版纳首府景洪市夜幕降临，繁星满天……

此时，再看看汽车上的里程表，已经显示出518公里！

518公里！1000多里啊！

"千里江陵一日还！"

此时，我不由自主地想起了唐代诗人李白著名的诗句：

朝辞白帝彩云间，

千里江陵一日还……

那么，今天一路走来应该是：

朝辞"临沧"彩云间，

千里"澜江"一日还，

两岸"风光"关不住，

轻"车"已过万重山。

是夜，西双版纳，一片辉煌……

一盏盏红灯笼……

一排排霓虹灯……

这就是祖国南疆的西双版纳！

• 西双版纳之夜

  西双版纳地处云南省最南端，属北回归线以南的热带湿润区，东南部、南部和西南部分别与老挝、缅甸山水相连，邻近泰国和越南，边界线长达966.3公里，约等于云南省边境线总长的四分之一。

  西双版纳的首府景洪市是个边境城市，我行走在夜幕中的闹市区，这里灯火辉煌，夜市独特，呈现出一派别具特色的边境夜光世界！

  我去了"景洪市大金字塔寺"最繁华的夜市区，看了歌舞表演，游览了小商品场地，欣赏了湄公河的水上市场……

  "灯火阑珊处"在这里表现得淋漓尽致……

  西双版纳的夜空是美妙的、宁静的……

  这一夜我是住宿在祖国的边陲……

  次日早晨，当打开窗户：哇！这里简直是另一个世界。

  碧水青山……

鸟语花香……

这就是我们祖国南疆的西双版纳!

我站在西双版纳的一个丛林中,放眼望去,深奥的热带雨林,一个绿色的边疆。

在西双版纳首府,我进行了一系列的采风,先后走进爱琴海、大佛寺、主街道、中心广场、热带雨林等,深入体验、了解祖国南疆的西双版纳。

然后,走进中国面积最大的西双版纳植物园。

今天又遇到了雨天,雨中行走植物园,更有诗意。

我边走边听讲解员的介绍:"中国科学院西双版纳热带植物园位于西双版纳傣族自治州勐腊县勐仑镇葫芦岛,为中国面积最大、收集物种最丰富、植物专类园区最多的植物园。"

西双版纳植物园占地1100公顷,有1.3万多种引自世界各地的热带植物。

信步在植物园,听着溪水鸟叫,看着奇花异草,望着高大树木,赏着碧绿湖水,构成了一幅绚丽多彩的画卷,真是心旷神怡!

走出植物园大门,一群少数民族在歌舞……

伴着舞步,仿佛看到祖国边疆前进的步伐!

随着歌声,仿佛听到了滔滔澜沧江的浪声!

• 西双版纳植物园

打洛：防范贩毒的前沿

从景洪启程两个多小时来到勐海县打洛镇，这个与缅甸交界的偏远小镇看起来僻静，其实隐含着一股不安定的暗流。这里会集了偷渡、贩毒等不法分子。

在云南广播电视台工作人员的陪同下我走向打洛口岸，参观了中缅边界界碑。边防战士说："中缅边界全长1997公里，共有244块界碑，最有看点的是43号界碑，位于独龙江的那腊卡山口，但一般人是看不到的，因为要过天梯、绝壁、溜索，一不小心会把命搭进去。"碑前，边防战士介绍，这里偷渡时有发生，稍有不注意偷渡者化装成边民溜走了。偷渡者有的从不远处的山上出境，被我方查处。

边境大道

● 打洛口岸

  我已是第二次到打洛,第一次的打洛之行记忆很深……

  当时,我越过边界进入缅甸地界在山林中行驶,大象不断出入林间。听工作人员介绍,这一地区是缅甸勐拉地区,被划入世界著名的"金三角"范围,因为它靠近老挝和泰国。"金三角"是全球最大的罂粟种植区域,地处热带雨林,气候、雨量和土壤非常适合罂粟生长,有上百个村庄种植罂粟达1.6万多亩,罂粟籽所加工成的鸦片上万千克,占世界总量的80%。政府部门尽管限制,但山高路远偏僻,阻挡不住当地百姓种植的积极性,因为能卖到好价钱,受到利益驱动。因为罂粟被加工成毒品,造成贩毒很猖獗,很多贩毒分子通过打洛这个通道向外贩运,给边防战士增加了很重的查巡任务。当然,这里也成了防范贩毒的前沿阵地。据悉,在此查到过很多贩毒分子。

● 界碑

　　不觉，来到勐拉市中缅友谊大金塔前，这里汇聚了很多参观的人群。望着镏金的塔群、塔尖、塔身，建造得十分精美，富丽堂皇。讲解员说："缅甸被称之为'万塔之国'，境内大大小小的塔无处不有、无处不在，可以说成千上万，仅蒲甘佛塔就有两千多座，被誉为'万塔之城'，而最大最具特色的要数仰光的大金塔，举世闻名，被称为世界瑰宝。"

　　按照当地的习俗，脱鞋后进塔参观。之后，又参观了一处卧佛。

磨憨：通向老挝的唯一陆路口岸

迎着曙光，碾着晨露，我从西双版纳州州府景洪市启程到中国和老挝边界磨憨采风。磨憨处在云南省南部勐腊县境内，与景洪的距离为190公里。

汽车沿着昆曼公路向东南方向慢慢行进，窗外的高山、密林、杂草、溪水从视线中掠过。昆曼公路是新开通的一条昆明至曼谷的公路，全长1800公里，其中中国段688公里、老挝段222公里、泰国段890公里。车行一个多小时，进入勐腊县地界。勐腊县是蜚声中外的热带植物生长地，原始森林达496万亩，其中国家自然保护区170万亩，真可称得上植物的王国、动物的天堂、天然的氧吧。这里的许多地名都与森林树木联系在一起，什么大树脚、杧果树、曼林、泡竹箐等等。

然则，一些矿山的过度开垦使得生态环境遭到严重破坏。在公路上，看到许多满载矿石的重型汽车碾压着山路，乱石矿渣散落一地。一位当地人说："我们非常反感一些企业无序开采矿石，砍伐树木，污染河水。"然后他指着与公路并行的澜沧江支流腊河气愤地说："前年这条河还是清澈见

勐腊县城绿意盎然

• 世界第一高树冠走廊

底,现在变成了黄色的泥浆,国家应该管一管。"

进入国家自然保护区,一眼望去,古树名树千姿百态,山花野花竞相开放,望天树之高令人感叹!好一幅大自然赐予的美丽景色,让我一饱眼福。

我站在补蚌"望天树风景区"门口,这里距勐腊县城仅18公里。一踏进景区,立刻被一棵棵箭入云天的望天树所折服,那笔直挺拔的树干,那直插云霄的树冠,大有"利剑刺破青天"的感觉,给人以无限的遐想。望天树是当地特有的树种,仅分布在勐腊县的补蚌、景飘一带,为中国之最,其树高在80米以上,最高达88米,有"林中巨人""林中美王子"之称,树高在中国罕见少有。

聪明的勐腊人,为了吸引游客,他们将望天树树干用粗大的铁索连接起来,形成"空中走廊",让游客体味"树顶望天"的感觉。我看到在望天树的树干上,挂了通栏标语,上面写着"西双版纳·望天树,世界第一高树冠走廊"。第一高"树冠走廊"!太牛了!当爬上了"树冠走廊",那个高、那个怕、那个飘,太险了!看到"林上林的景观",令人惊叹!

勐腊县城不大,是个少数民族聚集区,但湖南人很多,这让人想象不到。原来,20世纪50年代,为满足在云南种植天然橡胶的人力需求,大批湖南移民进入西双版纳。目前,在勐腊的湖南人至少有十万人之多,他

• 磨憨边防哨卡出入检查非常严格

们主要是经营橡胶树。勐腊县橡胶树很多,满山遍野都是,还有香蕉林,同样遍布四野。

勐腊县城到磨憨有一个小时车程,同样翻山越岭,到达磨憨已近中午。磨憨这个小镇非常清洁、卫生、宽敞,街心红花竞相开放,两旁白色的楼阁一尘不染。马路尽头的两山相交处,"中国磨憨"四个大字非常显亮,竖立在边防检查站一侧。磨憨坐落于两山之间,地势险恶,四名边防战士持枪把守,给人以威严之感。

磨憨是我国通向老挝的唯一国家级陆路口岸及通向东南亚的最便捷的陆路通道,也是澜沧江下游湄公河区域合作的主体通道之一和建设中国至东盟自由贸易区的最佳结合部。1992年,磨憨被国务院批准为国家一类口岸。

● 磨憨口岸

　　老挝地界与磨憨相对的是磨丁口岸。"磨憨"在当地方言中为"盐井"之意,这一带自古产盐。据介绍,老挝是个多山国家,有"印度支那屋脊"之称,面积23万平方公里,人口723万,百姓生活水平远远低于中国。

　　距口岸62公里处为老挝琅南塔省省会首府琅南塔市。

　　晚饭,我与当地苗寨一村支部书记就餐。苗寨书记是一名女同志,她高考一分之差落选,回乡当起村干部,她说:"本村与老挝国界相连,其实哪有什么国界,穿过林子就是老挝,与老挝边民同婚、同商古来已久,从没有闹过纠纷。牛马出国是常事,晚上对方就送过来了。这里环境很好,一名东北退休老人已在我村住了五年之久,习惯了,不愿离开。"

　　磨憨,这个边境小镇,如此之美丽,如此之幽静……

江城：去一地连三国之地，看三面碑

天没亮，我从西双版纳首府景洪一早就往江城县赶路……

汽车又开启了长途跋涉，朝着160公里外的江城进发……

今天没有走国道，主要是担心疫情，而是抄近路沿县道土路前行。

出车不久，经过一个称之为易武镇曼乃村，我走进村委会，采访一名村干部，了解脱贫攻坚战，村干部说："要说过去，连裤子都提不起来，别说吃饭了。现在通过上级的扶贫，我们全村没有了贫困户。"

三面界碑凌空屹立，直上青云

• 边防战士的心声

• "一地连三国"石碑简介

过江城农场,放眼一片碧绿。

勐康出入境边防检曼滩又称曼腊,我们在此做了测温、登记等一系列检查。

汽车再开启上路的行程,急着向江城赶……

为什么这样着急呢?因为江城县是一个边境县,边境线长183公里,是这次采访中的重点。这个县的突出特点是"一地连三国"的地方,特别是有一块"三面界碑",为中国边境线唯一的一块。

汽车翻山越岭一路南下。沿途设了多座防疫检查站,经过多次检查,最后到达了江城县。

江城县位于云南省南部,东南与越南接壤,南与老挝交界。边境线上中越段67公里、中老段116公里。

江城县全称江城哈尼族彝族自治县,地处思茅、红河、西双版纳三个市州结合部。因为与越南、老挝接壤,是云南省唯一与两个国家接壤的县。所以才有了"一地连三国"的称谓。又因李仙江、曼老江、勐野江三江环绕故名"江城"。

在江城县城,稍加休整,简单地看了看街景,加完汽车油之后,便迫不及待地向"一地连三国"的"三面碑"之地进发!

经过一个多小时的车程,当汽车爬到一个半山坡上,右侧出现一个"三面石"造型的石碑,正面写着"一地连三国"五个大字,下面一块平石有文字介绍:

中国、越南、老挝三国交界点位于云南省江城县曲水乡怒那村十层大山顶峰,越南称宽罗栅山,老挝称柯拉山。2005年4月,中、越、老三国达成协议,在十层大山顶竖立标志碑。十层大山位于北纬22度,东经102度,海拔1864米,山高林密,地势险峻。平均坡度为60度,属亚热带雨林气候,野生动、植物种类繁多,生长着成千上万棵素以"活化石"著称的桫椤。山顶风光隽秀,能够俯瞰三国相连几百公里广阔的原始森林。从山脚梁子田至山顶,山势层层叠叠共有十层,故称十层大山。

这里可能是边防战士修筑的一处标志。旁边,一块石头上写着一行红字:"祖国在我心中"。

看完后,我以为这就是三面界碑呢,其实不是,还需继续前行……

万万没有想到,天乌云密布,下起了大雨……

地上雨水哗哗……

难啊！简直是太难了……

谁知，刚刚走了一段柏油路，便变成了泥土路。

汽车又走出两公里，没有想到底盘被土岗托起来了！

后来，坑坑洼洼，泥泞水路，寸步难行……

因为着急去看真正的"三面碑"，无奈之下我去右边一个叫黄姜林的村，找边民联系租车，但没有成功。

于是，我在公路上等啊等！最后，见到对面开来一辆皮卡车，是一对夫妇开的车。女的叫蔡莲花，夫妇俩是距离此处不远的曲水镇田心村人。我上前求助，没想到对方很快答应，帮助拉到山顶。

起步了！

在泥泞中艰难地前进……

汽车沿着盘山路开始爬山了，因为"三面界碑"在山顶上。

要想得到，必须付出！

汽车艰难地沿着山路向上攀爬。

刚行了半个多小时，汽车停下来。看到路的右侧，有一个白色的石碑，上面的文字为"2号至4号界碑"。在此我观察了一番。

接着，继续爬山。

天，一会儿阴，一会儿晴，一会儿下雨，海拔也不断升高到1800米！

雨越下越大……

路越来越滑……

天越来越暗……

在这紧急的关头，万万没有想到遇上了山体滑坡！

山路，堵死了！

汽车戛然而止！

再不能前进了！

这个地方叫曲水镇十层大山，而这个山体滑坡的地方是第四层大山，

• 突遇山塌堵路

距"三面界碑"的地方还有六层大山。

后退吧!

不甘心!

前进吧!

没了路!

后来,坚定信心!决定徒步爬行到山顶!而且,蔡莲花夫妇挺身而出,陪伴一起上爬。

徒步爬山的艰难是可想而知的……

黄昏中爬山的难度是可以想象的……

"天下无难事,只要肯登攀!"

踏着泥泞的山路,一步步艰难地攀登!

蚂蟥叮咬出血……

衣服雨淋湿透……

• 七层山标识

太累了！此时我有些饥饿，在路边稍歇一会儿。看到我饥饿的面色，蔡莲花拿出苹果让我充饥，太感动了！吃完，继续攀爬！

四层大山过去了……

五层大山过去了……

六层大山过去了……

七层大山过去了……

…………

这时，手机定位上显示：曲水镇十层大山。

可见，十层大山到了！

无限风光在险峰！

我终于看到了希望……

这里，就是"鸡鸣三国"的地方！

• 站在曲水镇十层大山之巅眺望祖国的大好河山

这里，就是"一地连三国"之地！

"三面界碑"是一块花岗岩界碑，分别书写中国、越南、老挝3国文字的界碑面向着各国的领土。

站山顶，看吧：茫茫的林海、飘动的云朵、湛蓝的天空，多么美丽的大自然啊！

站山巅，回首祖国：那巍巍的群山、那飞洒的溪水、那奔腾的河流，祖国的山河多么壮丽啊！

在界碑，向我们伟大的祖国致敬！

在界碑，向这里的边防战士敬礼！

三江行：江城茶·墨江线·元江舞

连日来，在祖国的南疆采风，充分感受到边疆人民对祖国的崇敬和热爱。他们靠山吃山，发挥区位优势，发展经济，保护中国文化，用歌用舞赞扬我们的伟大祖国，显示了边疆人民的纯朴精神。

采茶女

江城普洱茶

江城一带盛产普洱茶。沿途，山山岭岭、沟沟岔岔，遍地都是普洱茶树。这里，家家户户种植茶树。

在江城，我专程在曲水镇拜访了村民陈春德及家人。

问："你们这里这么多茶树？"

陈："是。"

问："你们家种多少茶树？"

陈："5亩茶树，还种有几亩玉米。"

问："这里天天下雨，茶叶和粮食怎么晾晒呢？"

陈："我们这里家家户户房前都搭有塑料棚，这样防雨，可晾晒茶、粮。"

普洱茶不仅仅在江城一带，还有西双版纳、临沧，特别是普洱地区。小陈说，她家的普洱茶树有大乔木，高达16米，嫩枝有微毛，产上等普洱茶。

据资料记载，普洱茶历史悠久。清朝阮福在《普洱茶记》中说："普洱古属银生府。则西蕃之用普洱，已自唐时。"宋朝李石在他的《续〈博物志〉》一书也记载："茶出银生诸山，采无时，杂菽姜烹而饮之。"

在江城，我还去了一些山寨，了解当地的茶叶加工。这里种植普洱茶树促进了当地经济发展，同时边民也走上了致富道路。

墨江回归线

汽车在秋霞中的山野里行驶，向着墨江……

穿过一个名叫嘉禾的小镇，山体越来越高，山路弯度变大。

左边奔腾的李仙江汹涌澎湃,右边宁静的梯田稻香扑鼻……

顺李仙江又飞驶大约半小时,前边出现"三江口水电站"。三江是指李仙江、阿墨江、把边江。三江在此汇合,建了发电站。

过水电站后道路变成缓坡,路边一片翠绿的山林。

当来到墨江县城,展示的是一派现代化建筑。墨江全称墨江哈尼族自治县。该县每年都举行中国·墨江北回归线国际双胞胎节暨哈尼太阳节。墨江被称为"哈尼之乡""回归之城""双胞胎之家"以及"太阳转身的地方",还有"中国紫米之乡"的称号。

江城茶园

采茶归来

从地图册上看，北回归线正好穿过墨江县城。有头脑的墨江人，在县城边的半山腰上修建了北回归线标志园，将地图上的北回归线虚线变成实线，并用铁轨似的线条装饰，从山下一直通到山上。

我对墨江的北回归线饶有兴趣，便来到北回归线标志园大门口。售票口的工作人员向我介绍说，园区以"北回归线"这一地理标志为主体，融合哈尼民族风情和神秘双胞胎现象而创建。这里拥有独特的天文、地理、园林、园艺、雕塑、民俗、民族文化等旅游资源。园区以穿城而过的北回归线为中轴，利用天然的山丘缓坡，由低到高构成了一个极富变化而又自成体系的立体景观。每年夏至日太阳直射在北回归线上时，太阳在此转身，"立竿不见影"的天文奇观在这里呈现。神奇的北回归线还造就了"日月交辉"、热带温带植被交错等奇特的天文地理风貌。此处的北回归线与墨江神奇双子井水共同见证了墨江神奇的双胞胎现象。

沿着北回归线，我一边走一边参观。观赏了日月交辉、夸父追日、北回归线塔、日晷指针、哈尼取火台、哈尼族雕、石阵广场等，一路感慨，这里把民族文化体现得淋漓尽致。

特别是我在日晷指针，静静观察体验，有种民族自豪感！

陪伴我采访的解说员说："日晷是我国古代利用日影测得时刻的一种计时仪器。日晷由指针和圆盘组成，盘面划分成二十四格代表十二时辰。当太阳光照在圆盘上时，指针的影子就会投向盘面上相应的时辰，以此来显示当天当地的太阳时刻。"

在日晷盘下有一处回音壁，解说员讲，在自然界特定的地域中，即使发出的声音很小，也会被清晰地放大，而且声音更加悠长、连绵不绝，堪称奇趣，给人造成一种"天人感应"的神秘气氛。这种地域被称之为"回音壁"。

北回归线标志园

元江哈尼舞

离开墨江县城，我开始向元江县赶。元江发源于中国云南省西部哀牢山东麓。上源称礼社江，东南流，与左岸支流绿汁江汇合后称元江。

路上，在一处农村老房子前，我坐下来与一位哈尼族妇女交谈。当我问到这里的脱贫情况时，她说："我们这个民族，在当地算是一个较大的民族。过去农村生活状况不好，我就是一个贫困户，经过国家的扶贫政策，现在好多了，过上了富足的生活，不愁吃，不愁穿。"

当我问到哈尼族的生活习俗时，她回答：哈尼族有崇拜祖宗习俗，每年农历二月举行"祭龙"节活动。祭龙就在山神庙里或林旁的"龙树"下举行。

汽车又开始前行……

当我们赶到元江县的时候，已是夜幕降临。

这个小小的边疆县城，夜晚是繁华的，灯光四射，霓虹灯遍布山城。而最吸引人的是人民广场。

夜幕中，我沿着高大的棕榈树前行，来到人民广场。看吧：全是人群，有跳舞的、唱歌的、弹琴的、吹笛的，最抢眼的是哈尼族舞。想不到这里的歌舞跳的如此热情，用少数民族歌舞，表达对家乡和对祖国的热爱。

在广场一角，我现场采访了一位跳舞的哈尼族妇女，她说："哈尼族能歌善舞，历史悠久。舞蹈有三弦舞、拍手舞、扇子舞、木雀舞、乐作舞、葫芦笙舞，还有流行的冬波嵯舞。"

又一轮舞步开始了！那舞姿美丽，节奏轻快，变化多样。

哈尼族不仅唱歌跳舞好，还善于弹奏乐器。我在乐队旁和一位吹笙的男士交谈，他说："乐器有三弦、巴乌、笛子、响篾、葫芦笙等。巴乌是哈尼族特有的乐器，用竹管制成，长六七寸，7个孔，吹的一端加个鸭嘴形的扁头，音色深沉而柔美。"

• 元江夜

• 哈尼舞

　　为什么哈尼舞盛行，因为这里的主体民族是哈尼族，再看看县的名字就知道了。元江县全称元江哈尼族彝族傣族自治县，哈尼是第一大族。

　　据悉，元江全县总人口20万，少数民族17万，占总人口的80%左右，其中主要为哈尼族、彝族、傣族等。

　　三江：江城、墨江、元江，因江而得名的三个县，各有特色，在我脑海里留下了很深很深的印象……

元阳：世界遗产红河哈尼梯田

  天刚放亮，我从元江县启程，向元阳县行进……
  汽车在山间溪流行驶，顺沿元江而下。
  "元江"，上游段称"元江"，下游段叫"红河"。它是从中国境内流向越南的一条河。
  车行一个多小时，驶出元江地界，进入红河县境内。如果说元江县归属玉溪市，那么红河县属于红河哈尼族彝族自治州管辖。

● 梯田上的哈尼族人

红河州因红河流经而得名，它是闻名于世的过桥米线的发祥地。

当刚进入红河州的红河县境地时，目光中立刻显示出一个大红标语，上面写着"云上撒玛坝，醇情哈尼人，红河县欢迎您"！旁边设有"红河观景台"。我下车观看，只见满山遍野的梯田，掩映在云雾之中……

红河县夹在元江县和元阳县两县之间。这个地域挂"元""江""红"等字眼儿很多，稍不留心就弄混了。刚进入红河县地界没走多远，前面就是元阳县县界。

当进入元阳境内时，风光更加秀丽，尤其是元阳梯田，风景这边独好。

又是一个多小时的车程，著名的哈尼梯田到了。只见山坡上呈现了一个更大的标牌，上面写着"世界文化遗产"，左边是游客服务中心，有售票处、景区大门和展厅。

我在展厅浏览了各式各样的哈尼梯田图片，对哈尼元阳梯田有了个初步的了解。

大厅里的文字和图片显示：红河哈尼梯田遍布于红河州元阳、红河、金平、绿春四县，总面积约 100 万亩，仅元阳县境内就有 17 万亩梯田。元阳梯田是哈尼族人 1300 多年来生生不息"雕刻"的山水田园风光画。2013 年在第 37 届世界遗产大会红河哈尼梯田被列入世界遗产名录。

办理手续后，进入景区。元阳全景区共有 17 个自然村、1910 户、10244 人、8737 亩梯田，全为哈尼族所有。

十分钟车程，来到麻栗寨观景台。站在木台上，眼前呈现出万亩梯田：缕缕金黄，闪闪粼光，宛如坡海。一层层、一片片、一道道的梯田，在蓝天下、在白云中、在绿丛中，是一幅美丽的画卷，如梦如幻……

离开麻栗寨前行片刻，左侧又出现了一个观景台，独具特色的人物雕"哈尼哈巴"竖立在山崖，俯视山川，又是大片大片的哈尼梯田。

旁边，一群妇女在出售土特产品，我顺便买了，也算是照顾当地人吧。万万没有想到在付款的时候，对方拿出手机，扫微信付钱，看来这里的人

• 在梯田旁边让哈尼族孩子们看祖国的大好河山

们还是比较开放的。

一路梯田，一路风光。

走到一个叫坝达的观景台，又停了下来观看。

坝达梯田更加壮美，有线条、有层次、有色彩，立体感更加强烈。坝达梯田共有900多公顷，从海拔800米的麻栗寨河流抬起，成千上万的层梯田一直延伸至海拔2000米的高山之顶，把麻栗寨、坝达、上马点、全福庄等哈尼村寨镶嵌在云田中，3700多级梯田一级级飘入云霄。

坝达梯田景区位于元阳梯田国家湿地公园及申报世界文化遗产核心区，距老县城新街镇14公里。

太阳将落，我依依不舍地离开这里。

回望，梯田的色彩不断变化，那金光灿灿的稻浪，那银光闪闪的田沟，那白光飘飘的云彩，将成为永久的记忆……

• 上万层的坝达梯田弯弯曲曲延伸至天边

河口：隔河相望的越南老街

汽车走出元阳，顺沿红河而下，去往河口。

河口处在红河的北岸，也归属云南省红河自治州管辖。

红河州因它是过桥米线的发源地，到处是过桥米线的宣传标牌，什么过桥米线节、过桥米线一条街、过桥米线批发部等，将你的脑袋装满过桥米线。

行车中，起初穿过一座座低矮的山丘，接着开始翻越大山。山路非常险要，沿盘山路艰难地爬行，弄得我头昏脑涨，而这里的风光十分优美诱人，尤其是一片连一片的香蕉林，煞是好看。

• 沿江去河口的路上

傍晚，到达河口镇已是万家灯火。河口，听其名，必在河边，那就是红河。披着夜灯，沿河而行，只见岸边树木林间有跳舞的、弹唱的、舞剑的、散步的、喝茶的、吃饭的，热闹非凡，想不到这个边境小镇这样生机勃发。隔河相望，对面越南老街却是死气沉沉，一片萧条，间或暗淡的灯光还表明有人居住。

晚间，在下榻的宾馆就餐，听当地人介绍，河口瑶族自治县不到8万人口，是一个边境小县，政府所在地河口镇是个边境小镇，但它的国境线却长达一百多公里，战略位置非常重要。这里是个交通要道，滇越铁路、昆河公路、红河航道与越南相连，直通东南亚地区，距河内只有296公里。

当我来到中越界碑前参观，这里早已会集了不少游客拍照留念，当然也少不了向游客销售工艺品的小商贩。界碑已被游人摸光，上面写着：中国，102（1），2001。

界碑距口岸不远，当来到口岸时这里已是人山人海。口岸设计得非常新颖，类似人字架托起的水泥柱建筑，上方写有"中国河口"4个大字，顶部飘动着五星红旗。通过口岸，伸向越南方向的中越公路大桥凌驾于红河上空。大桥宽15米、长136米，分四车道行驶。桥头内4名边防战士把守，真枪实弹，威武飒爽。

早晨8点整，关口开放，顿时大桥人声鼎沸、车水马龙，中方人群涌向越南，越方人群涌向中国。推车的、挑担的、背篓的、扛包的一拥而进，像开闸的湖水，势不可当，奔泻而流。

半个小时后，双方边民过完，大桥很快平静下来，只有零零散散游客和车辆通行。这时，我办完出境手续过关上桥，去越南老街采风。

当走到桥头，望着湍湍而去的河流，很是美丽。站岗的战士讲："河口是云南省唯一通向越南的公路、铁路、水路三路相通的要道，是我国一类开放口岸。历史上，这里是南方丝绸之路的通道，商贾云集之地，到1897年清政府在此设关，1910年滇越铁路通车后更显示出关口的重要地位。"

这是我第二次来河口，第一次是5年前。站在口岸，让我不觉回想起去越南的情况。

越方口岸建设得也较为壮观，形似大门口，上面挂着越南国旗。在越南口岸一侧，立有越中界碑，上面写着：越南，102（2），2001。

上一次我去越南老街市区采访，首先参观圣陈祠，这是越南国家级文物保护遗迹，有久远的历史。圣陈祠坐落于半山坡，前面是一个牌楼，由四个立柱相托。正上方刻有"圣陈祠"三个大字，半立柱上刻着两副对联，第一副是"寻源冯古容才华，临水登山境有情"；另一副为"龙鳞宜驾现天台，鱼凤朝尊开盛世"。两副对联及台匾都是繁体字。穿过牌楼是一棵大榕树，树下有用牛、虎、马、羊等十二属相做成的游乐设施，供游人玩耍。

• 河口之晨

河口的早市

• 越南的圣陈祠

沿台阶继续盘山而上,爬到山顶是一座庙宇,据说是尚庙,之中有石碑、亭阁、香火,门框上写着"陈朝翊赞中兴将,南国褒封上等神",同样为繁体字。在山坡上,我向一位老农请教,他也不太清楚,只知道庙中供奉的是陈朝时期的一位大官。

在老街,我又去了火车站、市政府、公园和农贸市场。下午4点多钟返回中越公路大桥时,看到戴笠帽的越南人带着中国货品正满载而归,脸上洋溢着幸福的微笑……

麻栗坡:老山下的英雄之城

汽车从河口向麻栗坡行进……

沿途,风光无限,山水秀美。穿过香蕉林、山野地、次生林,过马关县时间不长,抵达麻栗坡。

麻栗坡县归属文山州,以"出产麻栗树且房屋建在山坡"而得名。

这是一个典型的山中之城……

这是一个闻名的英雄之城……

徜徉在山城,感受被誉为"影响一代人的精神高地"。

• 麻栗坡烈士陵园

老山精神

我来到麻栗坡县城不远处的山脚下,仰望耸入云天、挺拔直上的高山,刺天破云。

山下丛林前袒露着几个大字:"老山精神万岁",后面是战士持枪的群雕,威武刚强,目光炯炯,坚韧不拔。

旁边立有"麻栗坡烈士陵园"石牌。

沿着阶梯,我一步步爬到半山腰,看到了"老山作战纪念馆"。该馆是2006年竣工投入使用的。内设包括沙盘阵地模型在内的战争展厅、声像厅、多功能报告厅、贵宾接待厅、办公室等。

我深沉地走进陈列馆,这里展出了模拟阵地、烈士遗物、武器,有边疆各族人民支援前线的画面、国家领导人和军队首长到前线视察时的题词、战地诗抄和部分档案文献。

纪念碑

跟随着参观的人群，缅怀先烈、接受爱国主义和革命英雄主义教育，瞻仰先烈们浴血奋战、保卫祖国的飒爽英姿，聆听英雄事迹报告，激发爱国热情……

在展厅，讲解员说："纪念馆的建成，让社会各界人士详细了解20世纪80年代初震惊中外的十年守土卫国战争和在战争中孕育出的'艰苦奋斗，无私奉献'的老山精神，可激发人民群众的爱国热情，自觉维护边疆稳定。"

麻栗坡，是新中国成立以来经历战争时间最长的地方！麻栗坡人民与英勇的子弟兵共同铸就了举世闻名的"老山精神"，被誉为"影响一代人的精神高地"！

出纪念馆，再向上爬，出现顶天立地、庄严的纪念碑，上面写着"人民英雄永垂不朽"。纪念碑的后面是大片大片的烈士长眠之地。

这里，不少人到碑前瞻仰英雄，敬献花圈。

麻栗坡烈士陵园，位于县城北郊4公里处，该陵园已被云南省人民政府列为全省革命烈士重点保护和重点参观的圣景之一，也被列为爱国主义教育基地。

天保口岸

从县城驱车南行40公里，到达老山脚下的天保镇，这里就是天保口岸，与越南河江省河江市清水河口岸相邻。

天保口岸是云南省最早的通商口岸之一，是国家级一类口岸，是云南对越开放的第二大口岸，也是文山州最大的口岸。

麻栗坡拥有全州最长的边境线，境内有8个乡镇、22个村委会、153个村民小组与越南直接接壤，国境线长达277公里，有1个国家级一类口岸、14个边民点及108条边境通道，边境贸易活跃。

天保口岸不远处是大王岩岩壁。

• 天保口岸

• 岩画

　　面对岩壁，十分震撼！小小的麻栗坡，竟有如此真宝！

　　看上去，这里距畴阳河面约 150 米，岩画依天然石壁绘制。

　　麻栗坡大王岩岩画属新石器至青铜器时代晚期的作品，以红、白、黑三色绘制，是留世不多的珍迹。

　　在岩画前，讲解员介绍："这些岩画中人物图像最突出，长发、裸体，两脚分开，双手下垂，手腕外翻，手心向下，每一幅栩栩如生、活灵活现，特别是图像面部祥和、神秘、庄重。还有的画面与巫术礼仪、生殖崇拜有关，记述了人类活动的遗迹。"

　　接着，东行 1 公里，来到了一处洞穴遗址，这里的岩画为神秘的图像，人戴面具，手舞足蹈，画面同样使用红、白、黑三色绘制，色彩艳丽。

麻栗坡城之夜

太阳偏西,峰回车返。回到麻栗坡县城又是万家灯火。

盘龙江河系穿城而过,河两岸灯火辉煌,把麻栗坡夜城打扮得十分秀美、热闹而繁华。

我穿过"金溪隧道"来到老县城,又费了九牛二虎之力爬上半山坡,来到老城区的古街道采风。这里保留了老街、老房、古院,历史遗迹依然存在。麻栗坡有中国最古老的传统建筑,至今仍保留着神秘而奇特的原始生活形态。

转道,我去了街心广场,观看少数民族的表演。该县是一个多民族地区,各民族能歌善舞、吹拉弹唱。特别是彝族支系白倮人传承数千年的"铜鼓舞"被列入国家非物质文化遗产保护传承项目。而"苗族花山节"又名"踩花山",也很有特色。花山节有"立杆""祭杆""闹杆""收杆"四个程序。

眼前的表演是多民族表演,异彩纷呈,跳的、舞的、吹的、唱的,交织在一起……

歌声,在老山脚下飘来飘去……

舞步,在盘龙江畔飞向远方……

● 麻栗坡城之夜

德天瀑布：探视水上的中越界碑

从云南边境县麻栗坡出发，还是满天星光，东方发白，开始沿着国境线东行……

汽车沿着盘山公路徐徐向前……

窗外，一会儿悬崖峭壁，一会儿沟沟壑壑，一会儿田园风光……

车内，不断播放《我和我的祖国》，歌曲在祖国的山河荡漾……

● 途中绕行瑶族山寨讲党史追寻红色记忆。

● 进入广西地域有似桂林山水

汽车顺边境线穿过董干、木央、里达，到达富宁县城时停留稍微休整。

富宁县位于云南省东南部，南与越南河江省接壤，东部和北部分别与广西百色、那坡、靖西毗邻，西与麻栗坡相连，地处两国三省结合部。富宁县城整洁，尤其人民法院建造得庄重。

过富宁进入广西壮族自治区。窗外的景色，多为平地上起山头，一派青山绿水。

当行至百色地区后，一路南下，去往靖西市。

靖西是一个边境城市，为广西壮族自治区百色市代管的县级市，地处中越边境，边境线长152.5公里，南与越南高平茶岭县接壤。

汽车在靖西境内行驶，好像在画中行！

那桂林样的山势，那阳朔似的水流，那一马平川的原野，真是"十里不同天""平地出山头"。

实事求是地说，靖西气候确有"小昆明"之称，四季如春的自然气候闻名遐迩。还有那溶蚀地貌，山清水秀，奇峰异岭，别有洞天。这里的山水称"小桂林"，恰恰如此。

从靖西去"中越边境线上的德天瀑布"及"德天瀑布旁边的中越界碑"，最为方便。

当我走到德天瀑布，望着那飞流直下的水花、水流，大有德天之水天上来之感！气势磅礴，汹涌澎湃，那奔腾的波浪、吼叫的涛声、震耳的水流，让人震撼！叫人惊悚！令人叹为观止！

陪同我的当地向导介绍说："德天瀑布实际上位于崇左市大新县硕龙镇德天村，中国与越南边境处的归春河上游，瀑布与紧临的越南板约瀑布相连，是亚洲第一、世界第四大跨国瀑布，年均水流量为贵州黄果树瀑布的三倍。"

德天瀑布宽100米，分三级瀑布，垂直高度70多米。德天瀑布与越南板约瀑布相连，雨季两瀑布融为一体，总宽208米。

界碑

沿德天瀑布而上，来到"863"号界碑前。在此，不少人拍照留念。

另一块53号界碑在德天瀑布距中越边境50米的地方。由于疫情，边境通道已经关闭，不得进入。

归春河是左江的支流，那是中越边境的国界河。

参观中，我向工作人员请教："德天瀑布中方参观的人员如此之多，表达了对祖国的热爱，那么越方呢？"其回答是："越南也将德天瀑布作为一个看点，但是由于经济不景气，所以冷冷清清……"

离开中越界碑，我的思绪仍然停留在德天瀑布，流连忘返：我们伟大的祖国，在国境线上有如此壮美秀丽的瀑布，怎能不让国人骄傲呢？

德天瀑布，实为壮观！中国的界碑立在瀑布之上，这是少有的、罕见的！

● 德天瀑布

友谊关：桂边三关之首

穿行在祖国南疆山地，行走在左江水系。

经过一天的跋涉，来到广西壮族自治区的凭祥市。壮族语中的凭祥称"赶集驻店"之意。20世纪五六十年代，北京至凭祥的列车延续了很长时期，它是贯穿祖国南北最长的一条铁路运输线。我在凭祥市停留半天，充

• 古旧的友谊关门楼

• 进入越南一侧的关口

分感受到了这座古老城镇的今昔变化。凭祥是广西最大的边贸口岸，与越南谅山自古就有通商的习惯，目前年进出口额达上百亿元，商贸交流频繁。

自凭祥市西南行18公里，便看到雄伟的友谊关，那高大的关楼、敞开的关门、凌空的关墙，使人肃然起敬。尤其是关门上"友谊关"那三个苍劲有力的大字，更显示出它的雄姿不凡。当地解说员介绍："友谊关几经易名，汉朝初建时名雍鸡关，接着先后改名为鸡陵关、界首关、大南关、镇夷关、镇南关，新中国成立后先改名睦南关，后叫友谊关。在广西'桂边三关'之中为首位，其他两关分别为水口关、平而关。"

● 数钱的越南妇女

我有幸登上22米高的关楼，参观了文物陈列室，听取了讲解员解说陈毅所题"友谊关"三个大字的经过，很受鼓舞。

睦南关的石碑立在关楼一侧，已作为文物保存起来。过友谊关下行右侧是中华人民共和国友谊关口岸。口岸建在山脚下的一块平地上，虽比不上友谊关雄伟，但它非常现代化，上面悬挂着国徽，五星红旗高高飘扬在上空，给这个山口增加了亮点。从口岸再回首夹在两山对峙之中的友谊关，更加显示出关口的恢宏和壮丽。

友谊关口岸，还是322国道的零公里处，我站在零公里标牌旁，可见越南的口岸修建的规模没有我国高大，门口有几个数钱的越南妇女，喜出望外。

越南的同登镇有个同登灵寺。这个寺建造的年代已久远，很像中国寺庙。门上方写有"同登灵寺"，两边的立柱上分别写有"神灵庙应烛常辉，国青民爱求安福"，字迹全部是繁体字。

据了解，一些越南不法分子善于掌握中国游客的心态，将其带入越南境内后引入偏僻之处，然后再搜刮勒索，甚至将人杀死。前段时间一越南边民到我方带着两名游客到同登，刚过境就向中方游客索要5000元现金，游客不依，便引到一处暗巷，还是不依，结果被抢被杀，成了无头案。因为非法入境被视为"黑人"，失去自由，只能任人宰割。

了解到这些情况后感到后怕，难怪在我国口岸一侧挂有很多条幅，上面写着"坚决打击非法偷渡""要通过正规手续进入他国领地"等标语。

东兴：到达中国陆地边境线的终端

汽车在十万大山中穿行……

向着中国陆地边境线的最西南端东兴北仑河口飞奔……

我是清晨从凭祥友谊关出发的，沿边境线219国道行驶。

二十分钟车程，到达爱店镇，街头一座高大的建筑，上面"爱店口岸"四个大字十分显眼。

219国道10000路标

看到口岸、国门就兴奋！而且非常突然。于是，急忙下车，采访了边防人员。据介绍：爱店口岸是边境陆路一类口岸，地属广西宁明县爱店镇，位于中越边境广西东路1223～1224号界碑处，与越南峙马口岸相对。在此，我拍照了口岸建筑，但由于疫情期间，不允许进去。

汽车又开行219国道，此地距东兴155公里！

219国道是一条贯穿国境线较长的老国道，全程弯弯曲曲、高低不平，盘山越岭，过河越桥，特别是有的地段悬崖峭壁、深沟低谷，十分险峻。

"9888"！突然，眼前出现219国道路标9888时，感到新奇！于是下车拍照留念。

接着继续前行……

当开到一个边境检查站，木牌上写着"您已进入峒中边界派出所辖区"。刚要通过时，突然被制止。

一番检测、登记、询问……

其实，都是一路绿码。我不会担心被卡住。

汽车上路了！前进不长时间，又是吸人眼球的路标——

"9999"！

再行，至一个和平村岔口时，更加醒目的路标：10000！

"10000"！

太惊叹了，这个里程路标，实属罕见！

行进在边境线上，有很多想象不到的现象和景观闯入眼帘，让你不自觉的下车观察和拍照，不留下任何遗憾。

当进入东兴市地界时，视线中的绿草坪中出现一块巨石，上面写满了各式各样、大大小小的"兴"字。显然，东兴市区到了。

"兴"是兴旺、兴盛、辉煌之意，总之是大发展之意。

东兴是个县级市，于1992年撤县设市。它又是个旅游城市，每年从这里出境的游客达上百万人。

我沿着北仑大道由东至西插进东兴市区中心，只见街道两旁的"越南"味道十分浓烈，越南字、越南货、越南牌匾比比皆是，特别是到达东兴口岸时，越南商铺、摊点、货架一家靠一家，摆放着越南拖鞋、牛角梳、皮带、香水。经商者多是妇女，顶着草帽，戴着口罩，用不太标准的普通话叫卖、吆喝。

我顺便转了口岸西侧的越南街，这里更是人头攒动，摩肩擦身。

东兴口岸建造得雄伟壮观，坐落在北仑河北岸桥头。

北仑河是中越的界河，友谊大桥跨越。口岸就坐落于桥头，一面写有"东兴口岸"四个烫金大字，另一面写有"中华人民共和国·东兴口岸"，顶部飘扬着鲜艳的中国国旗。

友谊大桥桥头北仑河岸边，一字排开戴斗笠、提竹篓的妇女，向人售玉石、水果、竹制品，不管汗流浃背，不顾烈日高照，十分认真、投入。

在桥头，还有许多流动商贩，臂上挂的、肩上背的、手中拿的，全是越南货。他们沿岸叫卖，穿行最多的地点是大清国界碑前，不少游客在这里拍照留念。

大清国界碑在口岸西侧北仑河岸边，它见证了历史的沧桑，是清政府立下的。这块古老的界碑高1.7米，上面刻着"大清国钦州界"六个大字，一侧的小字"光绪拾陆年贰月立"，距今已有一百多年历史。

从大清国界碑沿北仑河岸西行两百多米处，有一块2001年新立的界碑，它同样面朝北仑河及越南，碑高1.2米，上面写着：中国，1368（1），2001。这是中国在中越边界上立的第一块界碑。

东兴对面是越南的芒街。

越南口岸建造得尽管没有中国雄伟，但比照破旧的芒街市，也算一道风景线吧。

到达终点时，东兴市文化广电体育和旅游局等领导在G219公路起点（又称终点）地北仑河口景区迎接，并展示了国家级非遗项目京族独弦琴

• 东兴市举行欢迎仪式

• 各路各方代表讲述体会

艺术表演。面对欢迎的人群,面对文旅局主要领导的热情接待,各路各方代表纷纷发表演说。我按捺不住激动的心情,向大家述说走边境线的体会:"首先感谢东兴市委、市政府!这次行走,是怀着对祖国崇敬的心情,丈量国土,跋涉边境,亲吻祖国。我只身启程是从祖国陆地边境线的起端丹东开始的,日夜兼程,马不停蹄,从早晨摸黑出发,到晚上一片灯火,克服了种种意想不到的困难,历时九十多天,一路实际走了3.5万公里,终于到达了陆地边境线的终端东兴。可以想象心情是多么高兴! 3.5万公里等于围绕地球大半圈,太不容易了啊! 所以此刻我的心情非常激动,为什么激动呢? 因为祖国在我心中! 在这里,祝愿东兴紫气东来,兴旺发达!"

在东兴，还参观了"大清国一号界碑"、沿边公路零公里起点（又称终点）碑、陆地边境线起点（又称终点）塔、长沙滩、竹山山海相连地标广场、京族博物馆等。在北仑河口中国陆地边境线的终点，我还特意拍了风景照片。

这是我第二次到东兴。今天站在这里，我又回忆起10年前初次来东兴的时候……

那时我去了越南的芒街。芒街与东兴只有一河之隔。对于外来客人，不像边民那样随便出入，必须持有护照才能过去。

当时我办完过境手续经检查后，穿过口岸沿友谊大桥向越南芒街市而去。东兴口岸是我国与越南唯一海陆相连的口岸城市。

来到越南的芒街市，目光中的街道、楼房、店铺、马路，可以用"脏、乱、差"三个字形容，与我国东兴形成鲜明的对比。这个时候让人真正体会到中国的强大、富足和发展。这里看不见林荫道、绿地和喷水池，突露在面前的多是一堆堆垃圾和随地泼洒的脏水、乱扔乱放的杂物，只有几处富裕户的楼还能显示出一座城市的模样。这里，与其说是城市，不如中国一个乡镇的建筑规模。

走进芒街市的商贸城，共有两千多个铺位，其中有三分之一由中国人经营。在拥挤狭窄的摊铺间，来自各地的越南人争抢中国货，而从东兴来的中国人则争买越南货。在这里，人民币是通用的，而且大受欢迎。在芒街，越南商品是很便宜的，如拖鞋只需5元人民币、一条真皮腰带8元，法国香水的价钱便宜的让人难以置信，到底是真是假很难说清，因为越南曾是法国的殖民地。

出商贸城南行是一条平直的东西大道，路南有两座黄色建筑较为豪华，据说那是芒街市政府的办公大楼，西侧是一个街心公园，其中有一块橘红偏黄色的石块直插在草坪中。站在这里，看上去还能显示出芒街的一点生机，也有点城市的景象。

402　亲吻祖国

• 界碑后的河对岸是越南

• 老界碑

中午就餐，我来到一个小饭店，一碗米饭配制了鱼块、鸡肉、排骨、素菜及汤，共花10元钱。这家饭店有个女老板，她很尊重中国人，只要能赚钱就行。她介绍："家境很困难，爱人在河内并带有一个小男孩，本人在此地经营，每年回河内一次，回一趟家要3000元人民币。"

在芒街市，我沿北仑河岸西行走了一段路程，这里是百姓的棚户区，十分陈旧简陋，胡同很窄，院落很低，破烂不堪，向西再走是荒草地。在草丛一边，我看到越南立的界碑，其尺寸与中国界碑相当，上面写着：越南，1369（2），2001。

结束越南境内的采风活动后感慨万分：越南与中国的差别太大了。

• 陆地边境线起点（又称终点）塔

• 沿边公路零点（又称终点）碑

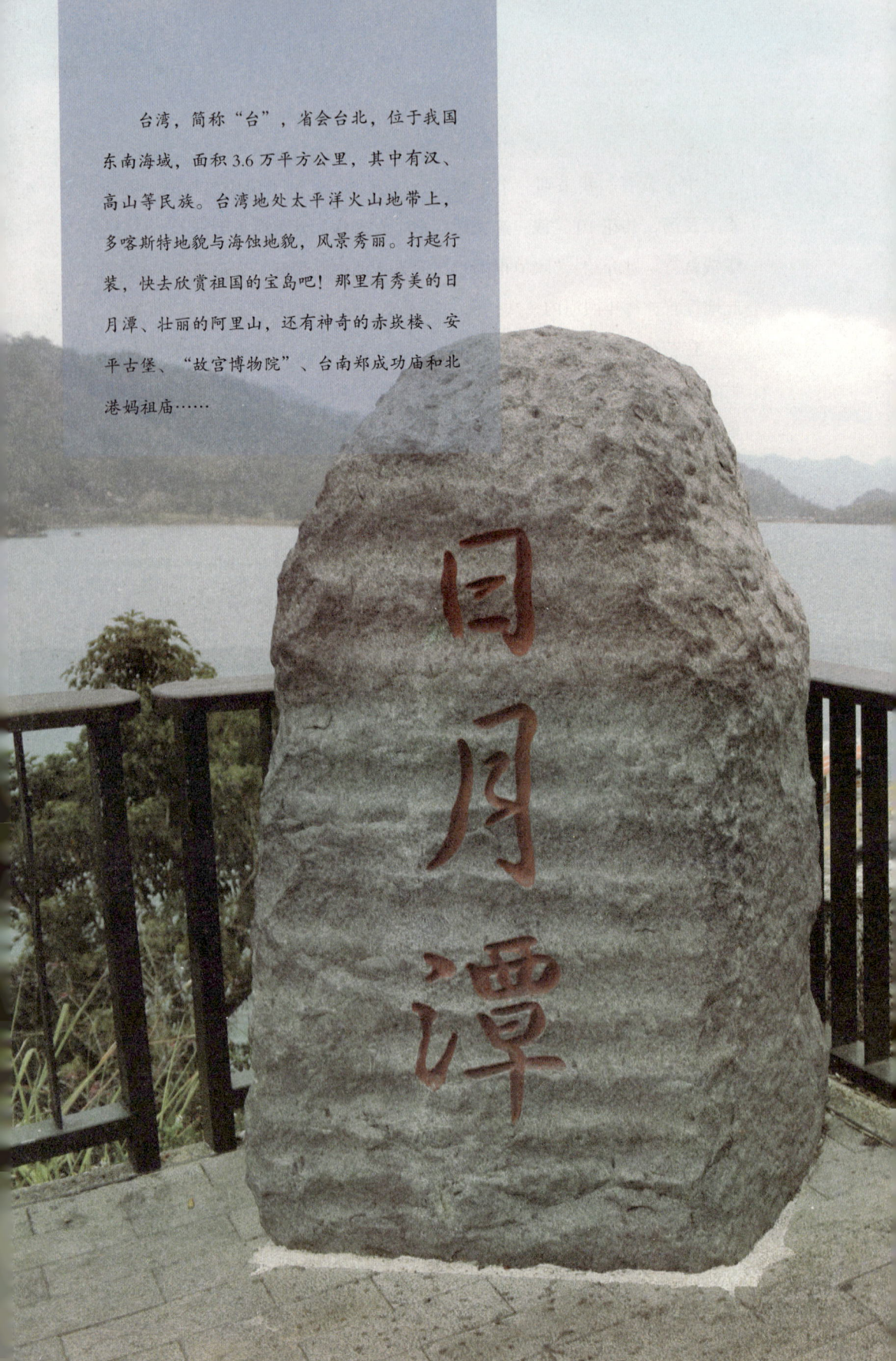

　　台湾，简称"台"，省会台北，位于我国东南海域，面积3.6万平方公里，其中有汉、高山等民族。台湾地处太平洋火山地带上，多喀斯特地貌与海蚀地貌，风景秀丽。打起行装，快去欣赏祖国的宝岛吧！那里有秀美的日月潭、壮丽的阿里山，还有神奇的赤崁楼、安平古堡、"故宫博物院"、台南郑成功庙和北港妈祖庙……

06
第六章

台湾岛段
我国东南海域中的宝岛

台湾：祖国美丽的宝岛

　　碧波万顷的太平洋，轻雾薄云下的台湾海峡。机窗外，远眺美丽的宝岛。
　　飞机降落在桃园机场。
　　穿行在台湾首府台北这座古都，宾馆、商铺、饭店标牌均为汉字，大

台北中山纪念馆

有回家之感！汉人、汉字、汉话，有极强的亲近感。再看看那古街、古墙、古楼，保留了中国建筑的原始状态。

台湾，共同的中华民族，是不可分割的。

台湾远古时代与大陆相连，后因地壳运动，相连部分沉入海中形成海峡，出现台湾岛，台湾早期部族是大陆的祖先。1971年在台湾台南县发现迄今最早的人类化石与福建省考古发现的人类化石同属于中国旧石器时代，有着共同的起源。台湾有文字记载的历史可追溯到公元230年，当时三国吴王孙权派兵一万到台湾，留下最早的记述。之后的隋、唐、宋、元、明、清，台湾都隶属大陆管辖。历史上，台湾曾先后被西班牙、荷兰、日本占领过。1945年8月15日，日本无条件投降，我国收复了台湾，重归中国版图。1949年后，台湾与祖国大陆处于分离状态。

台北是台湾的核心城市，人口260万。走在大街上，除了古老的中国建筑外，还保留了西班牙、荷兰、日本时代的建筑，但最突出、最耀眼而且最令人震撼的建筑是台北101大楼，不仅是台北的地标，还曾是世界第一高楼。当赶到101大楼跟前观望，真叫高啊！直插云端的楼顶，拔地而起的楼体，难以数清的楼层，在全市整个建筑中鹤立鸡群，人显得渺小多了！有数据显示，乘电梯从一层升至89楼的观景台，只需39秒。39秒，时速达到60公里，每分钟速度1010米，被誉为世界最快的电梯，已列入吉尼斯世界纪录。站在观景台，整个台北市尽收眼底：那棋盘式的街道、交错耸立的参天高楼、星点状的绿树公园、川流不息的汽车，尽收眼底。观景台设有纪念证书发放点、语言导览台、纪念品商店、食品屋、摄影服务部等，供游人选购。据工作人员介绍："台北101大楼2003年竣工，地上101层，总高度为508米，当时为世界第一高楼，到2010年，被141层的迪拜塔所超越而退位。"

台北，拥有许多人文景观，被《孤独星球》旅游杂志选为全球十大旅游城市。其中有气势宏伟的台北故宫博物院、获美国"最佳建筑奖"的仿

● 台北故宫博物院人满为患

宫殿式中山纪念馆、香火兴旺的龙山寺、秀丽新奇壮观的阳明山公园、日据时代总督府士林官邸、台北观音山、孔庙、历史街区等。

中山纪念馆建造得很有特色，恰似一座宫殿。殿内大厅摆有孙中山先生的铜像。馆内展有许多文件、资料、照片，还有"天下为公""博爱"等字体。站在馆前看 101 大楼更为壮观，是拍照的最佳之地。

士林官邸花园在日据时期曾是园艺研究院，走在林荫大道，欣赏原汁原味的大自然风光。官邸内有玫瑰园、凯歌堂、兰花园，其中温室盆栽区和玫瑰园是人们最喜爱的花园。园内树木高大，青草绿绿，鲜花怒放，香气四溢，游人不断。

台北故宫博物院最有看点，开馆时间为 1965 年，是一座中国宫殿式建筑。博物院的前面，建有一白色大理石牌坊，上面刻有"天下为公"四个大字。这里参观的人群排着长队。院内藏有众多无价的中华艺术宝藏，其收藏品的年代几乎涵盖了整个五千年的中国历史。

野柳地质公园坐落在台北市的北部,也是台湾岛的最北部,临近大海,是一处风化了的石林地域。在这里看到了奇巧百怪、难以想象的石头:有的像猴、像象、像鸡;有的像鱼、像马、像兔;还有的像人头,其中"女人头"就是野柳地质公园的地标,在此排长队站一个小时才能与"女人头"合上影。

晚间,夜宿于温塘宾馆,泡了一个热水澡。台湾新闻界的同行介绍了台湾情况及旅游资源。台湾处在火山地震带,所以多火山群与温泉及山水胜景。西海岸多沙滩浴场,东海岸多断崖峭壁和奇石怪岩。台湾岛森林茂密,有"蝴蝶王国"之称。清朝时有阿里山云海、明潭秋月、玉山积云、清水断崖、大屯春色、鲁谷幽峡等"八景十二胜"之说。

• 野柳地质公园排长队与"女人头"拍照留影

离开台北市南下，沿台湾岛的西海岸，过桃园、新竹、苗栗、台中到彰化，再东南行来到南投市，在此参观了中台禅寺。之后，穿过位于台湾中心地带的埔里镇南行，向日月潭进发。

"日月潭太美了！"这是见到日月潭后的第一声感叹！这里的"美"在于"水"。水平如镜，再没有更恰当的比喻了。天在水里，水在天里，山中有水，水中有山。望着山水，想到清人曾作霖的"山中有水水中山，山自凌空水自闲"的诗句再贴切不过了。

日月潭被誉为"宝岛明珠""台湾八景之绝""宝岛诸胜之冠""台湾仙境"等。乘舟荡游日月潭，碧水粼粼，湖光山色，大有身在仙境之感；顺猫兰山步道前行，俯瞰日月潭水，如梦似画，更有胜景在心之恋。天有不测风云。忽然，风起云涌，天降细雨。哪知，雨天观水，更有诗意……

日月潭位于玉山山脉之北的南投县鱼池乡水社村，为台湾的高山湖，也是台湾岛上唯一的天然湖泊，有"台湾天池"之说。湖水由高山环绕，湖面7.73平方公里，湖周长35公里，比杭州西湖大三分之一，它是由阿里山和玉山之间的断裂盆地积水而成。湖中有一小岛名珠子岛，又称光华岛和拉鲁岛，岛北圆如日，岛南弯似月，因此得名日月潭。

日月潭周围有文武庙、玄光寺、日月涌泉、涵碧楼、慈恩塔等多处名胜古迹。

日月潭，它是台湾岛最负盛名的风景游览区。

是日，选择了阿里山之旅。

清晨，从嘉义市启程，向阿里山进发。

汽车司机见是来自大陆的客人，一上路就开始播放在内地广为流传的高山族民歌——

高山青，
涧水蓝，

阿里山的姑娘美如水，

阿里山的少年壮如山……

　　伴着歌声，汽车沿盘山公路，在树丛中爬行……

　　阿里山属于玉山山脉支脉，跨越嘉义、南投两县，由大武峦山、尖山、祝山等十八座大山连接而成。之中，有森林铁路、神木、云海、日出、樱花五大胜景。

　　汽车翻山越岭，来到阿里山风景区。如果把日月潭比作秀美，那么阿里山就是大美了，有"柳暗花明又一村"之感！

　　沿路还看到森林铁路穿过林海，像长龙横躺在山涧。司机说："这条铁路是世界现今仅存的三大登山铁路之一，从山脚海拔 30 米的嘉义盘旋而上，环山过谷，经过 49 个隧道、77 座桥，沿途可见热、暖、温、寒不同森林带之植物种类变化，直到海拔 2451 米的山顶，全长 72 公里，中途设有若干个车站。"

　　最后，汽车来到著名的阿里山风景区中心地带。这里设有汽车站、火车站、宾馆和饭店。接着，又换乘越野车到达阿里山的纵深地区。只见树木高大，遮天盖地，阴阴沉沉，真如步入原始森林。这里设有森林博物馆、森林碑、森林塔。而最有看点的是阿里山的神木，围了很多人拍照留影，把神木永远留在记忆中。神木已干枯，由围栏围住，旁边立有标牌。神木高 52 米、树围 23 米，生长于西周初年，已有三千多年树龄，被称为"亚洲树王"。

　　攀登到阿里山顶峰，风景绝佳，心旷神怡。那涌动的云、静止的雾，缠绕着山峰，淹没着山头，半遮半掩着森林。云海，时而透深红，时而呈浅白，时而凝墨玉，千奇百怪，变化无常；流云，时而万马奔腾，时而一泻千里，时而波浪滚动，冲击着山峦、森林、瀑布、溪水……

　　阿里山，祖国的大好河山，太美妙了！

从阿里山返回嘉义市，汽车继续沿台湾岛西海岸南行，过台南市到达高雄。高雄是台湾第二大城市，位于台湾西海岸，面对大海。在高雄，参观了自助新村、西子湾、打狗领事馆，尝试了旗津渡轮。而留下印象最深的是：打狗领事馆。打狗领事馆处在海边一座山丘上，登高望远，居高临下，一边是城区建筑及突起的八五大楼，一边是无边无际的茫茫大海，一览无余，心随波涌，大有"把酒乐陶陶"之感……

从高雄乘汽车沿台湾岛西岸继续南行一个多小时，到达台湾最南部的屏东县恒春镇。在著名的垦丁风景区，游览了船帆石、南湾、猫鼻头、大尖山和鹅銮鼻等景点，其中猫鼻头景点的游人最多。猫鼻头位于恒春半岛的东南岬，介于台湾海峡和巴士海峡的交界处，隔南湾与介于巴士海峡和太平洋交界处的鹅銮鼻遥遥相对。猫鼻头是一块突出的珊瑚礁岩，外形像蹲坐的猫而得名。看上去鬼斧神工、奇妙无比，引众人观望，不肯离去。

峰回路转。从恒春掉转车头，沿台湾岛东海岸北行。汽车司机介绍，沿东海岸观光和西海岸截然不同。西海岸面临台湾海峡一侧地势平缓，而东海岸面对太平洋一侧山势陡峭，风光宜人。特别是苏花公路沿岸，景色极佳。然而，苏花公路非常险要，曾有一辆旅游大巴坠入太平洋，整车人无一幸免，全部遇难。经过打捞，只找到一个轮胎……为此，凡旅游车辆一律不准通过苏花公路，旅客需改乘火车绕行。听完，大家骤然紧张起来。

山路弯弯，波涛汹涌。沿东海岸北行，左边是巍巍的山体，右侧是滔滔的太平洋。沿路，泡了台东市温泉浴，游览了加路兰游憩区、杉原禁渔区、水往上流渠道，欣赏了花东海岸线风光，瞻望了北回归线白塔。之后，直达花莲市北部著名的太鲁阁峡谷。

当来到太鲁阁峡谷口，只见一座牌坊矗立在眼前，上面写有"东西横贯公路"6个大字，旁边还立有一石碑，刻着"太鲁阁国家公园"和"东

• 北回归线白塔

西横贯公路入口"两行字。这里是东西横贯公路的起点，全长194公里，过牌坊后，便是20公里长的太鲁阁峡谷。走在峡谷，悬崖峭壁，峰峦叠嶂，直上青云，不失为中国十大峡谷、台湾八大名胜之一。据介绍，"鲁阁"是当地住民泰雅语"桶"的意思，比喻峡谷如桶，进入峡谷不见天日，故称"鲁阁"。太鲁阁峡谷有燕子口、长春祠、九曲洞、太鲁阁峰等多处景点。当来到布洛湾风景区，被原始的山野风光所惊呆：那高大的山体、浓浓的丛林、盛开的樱花、绿绿的草地、古朴的农舍、奇特的怪石，将你带入大自然的怀抱。沿着弯弯的山路，特意走访了隐含在森林深处的农寨山月村，与村寨里的太鲁阁人亲切交谈。

离开太鲁阁峡谷，从新城乘火车绕过苏花公路到苏澳，再搭汽车穿宜兰水乡回到台北。

绕行台湾岛一周，真切感受到：台湾太美了！

台湾，祖国的宝岛！身临其境更加感受到同胞的挚爱和友情！祖国的统一是两岸人民共同的愿望，但愿这一愿望早日实现。

后记

疫情期间我历经千难万险，总算走完了中国边境线！总体感觉：庄重、神秘、威严、新奇，很值得一去。值得欣慰的是，我在踏访中，边行走，边采访，边发稿。全程走下来，共在"今日头条"发"跋涉边境，亲吻祖国"系列纪实文章71篇，浏览量上百万人次。

这次长途跋涉，起始于辽宁省的丹东，它是中国陆地边境线的始端。翻过了长白山、兴安岭、阿尔泰山、天山、昆仑山、冈底斯山、喜马拉雅山、横断山、十万大山；跋涉了鸭绿江、乌苏里江、黑龙江、塔里木河、狮泉河、雅鲁藏布江、怒江、澜沧江、金沙江、红河；踏行了三江平原、内蒙古高原、准噶尔盆地、塔克拉玛干沙漠、青藏高原、云贵高原，最后到达中国陆地边境线的终端广西的东兴。之后，再穿过中国南海，登上中国的宝岛台湾。一路风尘，一道采风，先后走访了辽宁、吉林、黑龙江、内蒙古、甘肃、新疆、西藏、云南、广西、台湾等省区市的上百个边境城镇和口岸。

走国境线，感受最深的是我们的边防战士，他们在祖国的边境站岗放哨，经历着生与死的考验。在东北茫茫的林海雪原尽头，在西北无边无际的戈壁沙滩，在西部帕米尔高原无人区，在白雪皑皑的喜马拉雅山口，时时刻刻保卫着我们的伟大祖国，尤其在高海拔、在冰山上、在极端恶劣的环境中克服常人难以克服的困难，有的倒下去永远没有站起来，告别人世。当今社会，谁是最可爱的人呢？毋庸置疑，为祖国站岗放哨的边防战士！

走访中，边疆人民忠诚于自己的祖国，他们的国家意识太强了，一路上我听到很多感人的事迹：有的在边疆耕作，时时警惕外来势力的侵入；有的在边境放牧，常常在石块上写上中国的名字；有的在自己的家门前，天天升起五星红旗；有的看到异常情况，立刻上报边防战士。

边境贸易，势头看好。沿国境线穿行，每到一个口岸，看到中国口岸建造宏伟，国门风格独特、式样新颖，明显好于国外，展示了中国的强大。

边境的民族风情更值得欣赏。朝鲜族妇女的服饰、鄂伦春族的歌喉、蒙古族的帐篷、维吾尔族的舞蹈、藏族的哈达、壮族的头巾等，无不向你展示出多彩的民族风情。

我们的邻国，又有神秘的一面。不同的制度、不同的文化、不同的信仰、不同的礼仪、不同的风景，倍加新奇，别有洞天。

行走国境线去了很多不易到达之地，这些地带大都是无人区、生命禁区，人迹罕至。如与巴基斯坦交界的冰山岗哨红其拉甫、界山达坂、曾是全国唯一不通公路的墨脱县、三国交界的江城等，特别是高海拔的神仙湾，死亡率很高，已有多名解放军战士永远长眠在那里。

这次踏访，最大的困难是恰遇疫情，过了很多疫情检查站，遇到不少挫折。

然而，我对采访充满信心！因为我怀着对祖国的崇敬、对国土的情感，所以增加了无穷无尽的力量！我跋涉国境线的信念是："双脚丈量国土，亲吻伟大祖国！"每当遇到困难时我就想想这两句话。实际上，有的地方已经去过，这次是重走，以增加印象。

采访不止，笔耕不辍。《亲吻祖国》一书是继我的《乡路》《乡情》《乡曲》《春韵》《千山万水——重走长征路》《西藏穿行》《穿越大西北》《行走南极》《去南美》《去加勒比海》《去中美洲》《去北美》《去大洋洲》《去非洲》《去欧洲》《走遍亚洲》等之后的第19部著作，还有一部电视连续剧《先遣连》（编剧）总计共20部著作。其中电视剧《先遣连》在中央电视台一频道播出，获中国政府奖最高奖——"飞天奖"一等奖。

  这本《亲吻祖国》全书共 6 部分 71 篇，计 20 万字，插进我实地拍摄的多幅照片。在此，特别感谢韩锦生、张晓林、凌芸、卢中昌、陈绍清、陈莉、秦虹、鞠薇、洪洪等为我提供我没有抓拍到或没有拍好的照片。

  雄关漫道真如铁，而今迈步从头越。《亲吻祖国》就要问世了！快翻开书页吧，去领略我们伟大祖国边境线的壮美！那里有威严的边防战士，那里有巍巍的昆仑峰，那里有茫茫的草原花海……

王喜民
2021 年 9 月 1 日于北京